材料学シリーズ

堂山 昌男　小川 恵一　北田 正弘
監　修

入門 表面分析
固体表面を理解するための

吉原 一紘 著

内田老鶴圃

本書の全部あるいは一部を断わりなく転載または複写(コピー)することは，著作権および出版権の侵害となる場合がありますのでご注意下さい．

材料学シリーズ刊行にあたって

　科学技術の著しい進歩とその日常生活への浸透が20世紀の特徴であり，その基盤を支えたのは材料である．この材料の支えなしには，環境との調和を重視する21世紀の社会はありえないと思われる．現代の科学技術はますます先端化し，全体像の把握が難しくなっている．材料分野も同様であるが，さいわいにも成熟しつつある物性物理学，計算科学の普及，材料に関する膨大な経験則，装置・デバイスにおける材料の統合化は材料分野の融合化を可能にしつつある．

　この材料学シリーズでは材料の基礎から応用までを見直し，21世紀を支える材料研究者・技術者の育成を目的とした．そのため，第一線の研究者に執筆を依頼し，監修者も執筆者との討論に参加し，分かりやすい書とすることを基本方針にしている．本シリーズが材料関係の学部学生，修士課程の大学院生，企業研究者の格好のテキストとして，広く受け入れられることを願う．

　　　　　　　　　　　　　　監修　　堂山昌男　小川恵一　北田正弘

「入門 表面分析」によせて

　材料の研究は新しい分析手段の開発とともに飛躍的に発展する．X線しかり，電子顕微鏡しかりである．いずれもすでに本シリーズで取り上げられ，好評を博している．

　ここに新たに，吉原一紘氏による「入門 表面分析」がその仲間に加わることになった．表面分析の基本の基はX線や粒子線などの各種入射線により試料表面を励起し，試料から飛び出たイオン，電子あるいは光子などを分析することである．表面分析はこれらの組合せによりきわめて多彩な分析が可能となる．本書はこの広範囲にわたる表面分析を最近の成果も取り入れ，バランスよく，かつ系統的に解説した著者会心の一冊である．その背景には長年にわたって表面分析と取組んできた著者の体験が生かされている．これから表面分析に取組もうとする人，すでに表面分析を使いこなしている人，いずれの人にとっても本書が有用な一冊となることは疑いない．

　　　　　　　　　　　　　　　　　　　　　　　　　　　　　　小川恵一

まえがき

　走査電子顕微鏡，オージェ電子分光法，X線光電子分光法，二次イオン質量分析法，電子線プローブマイクロアナリシスなどの表面分析法は，固体の表面の組成や構造を解析する方法として，半導体産業をはじめとした各種の産業において欠くことのできない技術である．表面分析法は，固体に電子線，X線，イオンビームなどを照射し，それらと固体表面との相互作用によって発生する電子，光，イオンなどの信号を検出・解析して，表面の組成や構造を推定する方法である．また，最近では探針と呼ばれる細い針と固体表面の相互作用から得られる信号を観測して表面の原子配列を解析する，走査トンネル顕微鏡や原子間力顕微鏡も一般的になってきた．したがって，表面分析法を理解するためには，基本となる電子，X線，イオン，探針と固体表面との相互作用を理解することが重要である．

　本書では，この相互作用を基礎から説明して，それが，どのようにしてそれぞれの表面分析法に応用されているのかをできるだけ平易に解説したつもりである．したがって，従来の表面分析法に関する解説書に盛り込まれているような詳しい技術的な内容はあえて割愛してあるが，これまで全く表面分析に携わったことのない方も表面分析法がどのようなものかを理解することができると思うし，また，現場で表面分析に携わっている方もあらためて基礎を確認していただき，新たな展開を図る一助にしていただけるのではないかと希望している．

　本書は，第1章で表面分析法の概要を説明した後，第2章から第4章までは，章ごとに，電子線，X線，イオンと固体表面の相互作用の基本的な原理を解説しながら，それぞれの原理に対応した表面分析法を平易に説明してある．第5章は探針と固体表面の相互作用の観点から，走査トンネル顕微鏡と原子間力顕微鏡について解説してある．また，表面分析に関する基本的な共通知

識である原子の構造，データ処理，フーリエ変換に関しては付録にしてあるので，参考にしてほしい．なお，本書は基礎的な事項に徹した記述になっているため，実際の分析とは若干距離があるかもしれない．それを補うために，実際の分析事例とその解釈法を問題と解答の形式にして，付録として載せてある．

　筆者は1994年より，太田英二慶応義塾大学教授のお誘いで，慶応義塾大学理工学部の大学院で非常勤講師として表面分析法を講義しているが，その際には，照射する粒子と固体表面の相互作用という観点から講義することにしている．今回，小川恵一横浜市立大学学長から，内田老鶴圃より出版されている材料学シリーズの一つとして，表面分析法に関する基礎的な事項をまとめてみないかというお誘いをいただいたときに，それまでの講義録を生かすことにさせていただいた．執筆の機会を与えていただいた堂山昌男教授，小川恵一教授，北田正弘教授および講義の機会を与えていただいた太田英二教授には，心より感謝の意を表したい．さらに，小川恵一教授には，原稿を丁寧にチェックしていただくと共に，実に適切な指示をいただいた．小川恵一教授の指導なしには本書の完成はあり得なかった．

　なお，内田老鶴圃の内田学氏には，原稿の執筆時期や印刷の仕上がりなどに際して筆者のわがままを我慢強く聞き届けていただいた．改めてお礼を申し上げる．

2003年1月

吉原　一紘

目　　次

材料学シリーズ刊行にあたって
「入門 表面分析」によせて

まえがき …………………………………………………………………………iii

1　はじめに ………………………………………………………………………1

2　電子と固体の相互作用を利用した表面分析法……………………………5
　2.1　電子線の発生方法　　6
　2.2　低速電子線回折法　　14
　2.3　反射高速電子線回折法　　20
　2.4　走査電子顕微鏡　　23
　2.5　透過電子顕微鏡　　29
　2.6　電子線プローブマイクロアナリシス　　36
　2.7　オージェ電子分光法　　44

3　X線と固体の相互作用を利用した表面分析法……………………………75
　3.1　X線の発生方法　　76
　3.2　X線光電子分光法　　81
　3.3　全反射蛍光X線分析法　　106
　3.4　X線回折法　　108

4　イオンと固体の相互作用を利用した表面分析法 ………………………111
　4.1　イオンビームの発生方法　　112
　4.2　イオン散乱分光法　　114

4.3　二次イオン質量分析法　*130*

5　探針の変位を利用した表面分析法 …………………………………… **145**
5.1　走査トンネル顕微鏡　*145*
5.2　原子間力顕微鏡　*155*

付　　録 …………………………………………………………………… **165**

付録 a　原子の構造　*167*
A.1　量子数
A.2　角運動の結合法則

付録 b　データ処理　*173*
B.1　ディコンボリューション
B.2　ピーク分離
B.3　ファクターアナリシス
B.4　サビツキー-ゴーレイ法による平滑化
B.5　サビツキー-ゴーレイ法による微分

付録 c　構造因子とフーリエ変換　*185*
C.1　単純調和振動
C.2　波の重ね合わせ
C.3　結晶による電子線の散乱
C.4　フーリエ級数
C.5　フーリエ級数による電子密度分布の表現

付録 d　演習問題　*197*

付録 e　演習問題解答　*205*

1 はじめに

　固体を構成する原子のうち，固体内部の原子は結合が飽和しており，固体として安定な構造をとる位置に存在する．しかし，結合が不飽和の表面では，表面を構成する原子の再配列や吸着，偏析が生じ，表面の構造や組成は固体内部とは異なったものとなる．そして，この表面特有の構造や組成は，電気的，機械的，化学的などの構造敏感な諸物性に様々な影響をあたえる．応用の観点からは，半導体プロセス技術，薄膜技術や超高真空技術などに固体表面の現象は深く関わっている．また，表面の特性を利用したセンサーや触媒などの開発，摩耗や腐食による劣化の防止，表面処理や接着などで，固体表面は広範な工業分野に関連している．

　このような表面に特有な現象や性質を解明するためには，表面の組成や構造を解析し，現象や性質と関連づけることが重要である．また，応用の立場からは，種々の目的に合致した表面の設計指針を得るために，表面の組成や構造を把握しておく必要がある．したがって，適切な表面分析法を組み合わせて，表面の構造や組成を解析することは，固体の挙動を理解するためだけでなく，様々な応用分野で非常に重要なことである．

　表面分析法は，測定対象（ここでは固体を対象とする）に電子線，X線，イオンビームなど（これらをプローブという）を照射し，それらのプローブと固体表面との相互作用によって発生する電子，光，イオンなどの信号を検出・解析して，表面の構造や組成を解析する方法である．それぞれの方法に特徴があり，一つの方法で表面の組成や構造がすべてわかるというものではない．

　表面に電子線を照射すると，一部は固体構成原子により弾性散乱され，格子

による回折が生じる．他は吸着分子や格子振動を励起するとともに，価電子や内殻電子を励起し，その結果，光や二次電子[*1]，X線を発生させる．また，一部の電子は固体内部に進入し，固体が薄い場合には透過する．X線が固体表面に照射されると，通常は固体内部に進入し，固体を構成する格子により回折される．また，X線により価電子や内殻電子が励起され，光電子[*2]や二次電子が発生する．イオンビームが照射されると一部は表面で散乱され，別な部分は固体内部に進入した後，後方に散乱される．イオンビームは，固体構成原子をはじき出す．はじき出された原子の一部はイオン化し，二次イオンとなる．

入射したプローブの特性は固体の構成原子により影響を受ける．また，新たに発生する二次電子，特性X線，二次イオンなどは固体表面の情報を含んでいる．表面分析とは，入射したプローブ，および固体表面から発生した二次電子，特性X線，二次イオンなどの散乱方向，エネルギー，強度を解析し，固体表面に関する情報を得る方法である．

一方，探針（先端が尖った針）を固体表面にnmオーダーの間隔まで近づけると，トンネル電流や原子間力が測定できる．これらの物理量は原子レベルで表面構造に敏感なため，トンネル電流や原子間力を解析することにより，最表面層の分析が可能となる．

それぞれの相互作用については2章以降に述べるが，表面分析として要求されることは，最表面層の分析，原子層程度の分解能を必要とした深さ方向分析，局所領域分析，高感度分析などであるが，一つの分析方法ですべての情報を得ることはできず，それぞれの分析法の特徴を生かして総合的に解析する必要がある．

表1-1に本書で解説する表面分析法のプローブと信号の関係を示す．本書では，プローブごとに各分析方法を説明していく．

[*1] 電子を固体に照射すると，入射した電子（これを一次電子という）は試料を構成する原子と衝突を繰り返し，固体内に存在していた電子を放出する．これを二次電子と称する．

[*2] 光（X線を含む）を固体表面に照射すると，光電効果により，固体内に存在していた電子を放出する．これを光電子と称する．

表 1-1 代表的な表面分析法.

プローブ	検出信号	表面分析法とその英語名	分析で得られる主な表面の情報
電子	反射電子	低速電子線回折法 Low Energy Electron Diffraction (LEED)	結晶構造
電子	反射電子	反射高速電子線回折法 Reflection High Energy Electron Diffraction (RHEED)	結晶構造
電子	二次電子	走査電子顕微鏡 Scanning Electron Microscope (SEM)	形状
電子	透過電子	透過電子顕微鏡 Transmission Electron Microscope (TEM)	形状 結晶構造
電子	特性 X 線	電子線プローブマイクロアナリシス Electron Probe Micro Analysis (EPMA)	組成
電子	オージェ電子	オージェ電子分光法 Auger Electron Spectroscopy (AES)	組成
X 線	光電子	X 線光電子分光法 X-ray Photo-Electron Spectroscopy (XPS)	組成 化学結合状態
X 線	蛍光 X 線	全反射蛍光 X 線分析法 Total Reflection X-ray Fluorescence Analysis (TXRF)	組成
X 線	反射 X 線	X 線回折法 X-ray Diffraction (XRD)	構造
イオン	反射イオン	イオン散乱分光法 Ion Scattering Spectroscopy (ISS)	組成 構造
イオン	二次イオン	二次イオン質量分析法 Secondary Ion Mass Spectrometry (SIMS)	組成
探針	トンネル電流	走査トンネル顕微鏡 Scanning Tunneling Microscope (STM)	原子配列
探針	原子間力	原子間力顕微鏡 Atomic Force Microscope (AFM)	原子配列

2
電子と固体の相互作用を利用した表面分析法

　固体に電子線を照射すると，そのエネルギーの大部分は熱に変換されるが，他は図2-1に示すような相互作用を起こし，様々な信号を発生させる．入射電子の一部は試料表面近くで反射され，弾性あるいは非弾性的に後方に散乱される．これは後方散乱電子または反射電子と呼ばれる．弾性散乱する電子は，固体を構成する原子により回折されて反射される．また，試料が十分薄い場合には，入射電子の一部は試料を通過して透過電子となる．試料中に拡散した入射電子は，試料を構成する原子と衝突を繰り返し，X線や電子（これを二次電子という）を発生させる．X線や二次電子の中には，電子と原子核の相互作用により，元素に特有のエネルギーを持った特性X線やオージェ電子が含ま

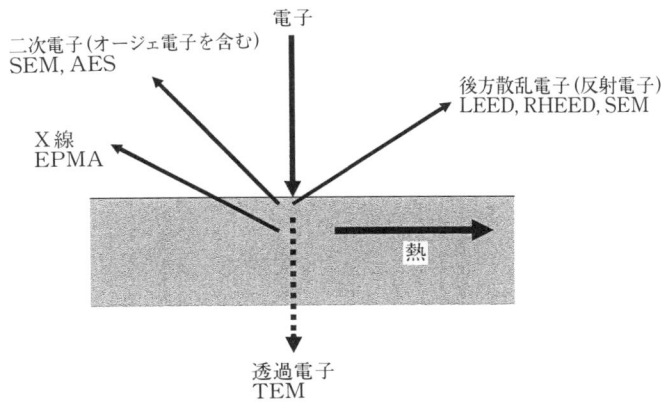

図2-1 電子と固体表面の相互作用により発生する信号とそれを利用した表面分析法．

れる．

　回折された電子の情報を利用した表面分析法には低速電子線回折法，反射高速電子線回折法があり，二次電子の情報を利用した方法には走査電子顕微鏡，電子線の透過作用を利用したものには透過電子顕微鏡がある．電子と原子核の相互作用により，放出されるX線の情報を利用する方法は電子線プローブマイクロアナリシスである．一方，電子と原子核の相互作用により放出される二次電子の情報を利用した方法はオージェ電子分光法である．

2.1　電子線の発生方法

2.1.1　電　子　源

　金属が他の物質に比べて著しく電気や熱の伝導度がよいのは，金属の中に自由に動き回れる電子が存在するためである．金属中に閉じ込められた電子を有効に外部に取り出すことができれば，表面分析に要求される高輝度の電子源を作製することができる．

　金属中にある電子のエネルギー分布はフェルミ-ディラックの分布則に従う．フェルミ-ディラックの分布則によれば，温度 T において，エネルギー E を有する電子の平均の数 $f(E)$ は次式で与えられる．

$$f(E) = \frac{1}{\exp\left(\dfrac{E-\mu}{kT}\right)+1} \tag{2.1}$$

ここで，k はボルツマンの定数，μ は電子1個あたりの化学ポテンシャルである．(2.1)式の分布を図2-2に示す．$T=0$ では曲線は $E=\mu$ において急に1から0になるが $T>0$ では $E=\mu$ の付近でなだらかに0になる．(2.1)式で $E \gg \mu$ とすると

$$f(E) = \exp\left(\frac{\mu-E}{kT}\right) \tag{2.2}$$

(2.2)式はマクスウェル-ボルツマンの分布則となる．すなわち，図2-2の

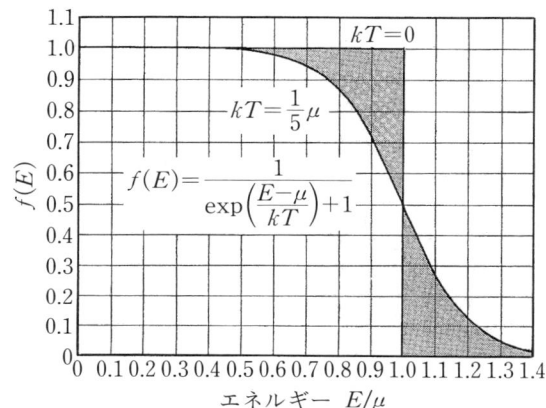

図 2-2 フェルミ-ディラックの分布関数，$f(E)$．$T=0$ では $E=\mu$ で急激に1から0に変化するが $T>0$ では $E=\mu$ でなだらかに変化する．μ は電子のケミカルポテンシャルで，絶対零度ではフェルミ準位（フェルミエネルギー）に等しい．

E の大きい部分はマクスウェル-ボルツマン分布に従って0に向かうのである．絶対零度において，電子の存在するもっとも高いエネルギーの値をフェルミ準位またはフェルミエネルギーという．すなわち，絶対零度では電子1個あたりのケミカルポテンシャルはフェルミ準位（フェルミエネルギー）に等しい．なお，絶対零度以上では，$f(E)=1/2$ となるときのエネルギーをフェルミ準位（フェルミエネルギー）と定義する．金属に熱を加えると，固体内の電子の存在分布が広がり，一定の値以上のエネルギーを持つ電子が現れ，それが金属表面から外に放出される．これが熱電子である．絶対零度のフェルミ準位にある電子を金属の外に出すためのエネルギーを仕事関数という．フェルミ準位にある電子，すなわち，金属中の最も高いエネルギー準位にある電子も真空に対して仕事関数の値だけ安定なエネルギー状態にある．

（1）熱電子

金属表面から放出される熱電子の電流密度 J_c($A \cdot cm^{-2}$) は次のリチャードソン-ダッシュマン（Richardson-Dushman）の式で表せる．

$$J_c = \alpha T^2 \exp(-\phi/kT) \tag{2.3}$$

ここで，ϕ は仕事関数（eV），T は絶対温度，k はボルツマン定数，α は $4\pi m e k^2/h^2$ で，リチャードソンの定数と呼ばれる．この値はおよそ 120（A・cm^{-2}K^{-2}）である．なお，m は電子の質量，e は電荷の大きさ，h はプランク定数である．電子は固体外部に放出されるときに，一部は固体表面で跳ね返されることがあるので，D を透過係数（$D \leq 1$）とすれば，

$$J_c = D\alpha T^2 \exp(-\phi/kT) \tag{2.4}$$

となる．

熱電子放射型のフィラメントとしては，① 仕事関数が小さく，② 透過係数が大きく，③ 微細加工がしやすく，④ 高温で蒸発する量が少ない材料が選定される．表 2-1 に熱電子発生のためのフィラメント材料として通常使用されているタングステンやランタンボライド（LaB$_6$）の仕事関数，使用温度，蒸発速度，寿命などを示す．タングステン金属をヘアピン状にして先端をとがらせ，1500°C くらいに加熱すると先端から細い電子線を取り出すことができる．また，ランタンボライドは結晶材料なので，同様に 1500°C くらいに加熱すると結晶のとがった先端から細い電子線が放出される．

表 2-1　フィラメント材料の物性値の比較．

フィラメント材料	仕事関数	使用温度	融点	蒸発速度	寿命
タングステン	4.6 eV	2900 K	3680 K	1.5×10^{-4} μm/s	40 hr
ランタンボライド	2.6 eV	1700 K	2800 K	1.0×10^{-5} μm/s	580 hr

（一村信吾：第 29 回表面科学基礎講座，日本表面科学会，p. 4 (2000)）

(2) 熱電界放出電子

仕事関数の障壁を越えて固体中の電子を放出させるには熱を加える以外に，電界を加える方法がある．熱電子を放出するフィラメントに電界をかけると，熱電子放出量が増す．この現象をショットキー効果と呼んでいる．フィラメントに電界をかけると，電子を固体内に閉じ込めているポテンシャル障壁がどのように変化するかを図 2-3 に示す．電界の強さとして E をかけると，ポテン

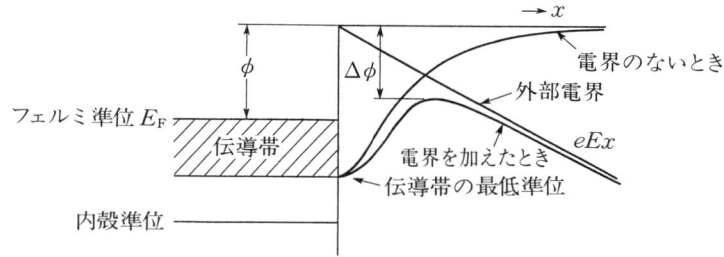

図 2-3 ショットキー効果（吉原一紘，吉武道子：表面分析入門，共立出版，p. 55 (1997))．

シャル障壁が減少して，仕事関数 ϕ が減少することがわかる．その減少量は，

$$\Delta\phi=\sqrt{\frac{eE}{4\pi\varepsilon_0}} \quad (2.5)$$

となり，リチャードソン-ダッシュマンの式は次のようになる．ここで ε_0 は誘電率である．

$$J_c = D\alpha T^2 \exp[-(\phi-\Delta\phi)/kT] \quad (2.6)$$

仕事関数の減少の影響は電流量に対し指数関数として影響を与えるため，この減少の影響は大きい．仮に ϕ が 5 eV のときに，ϕ が 0.5 eV 程度減少すると，電流量は約 10^5 倍になる．これは，電界をかけてポテンシャル障壁の高さを下げることにより，熱電子が出る確率を増やす方法である．

電極材料としてはタングステン単結晶が用いられる．また，タングステン表面にジルコニウムを少量蒸着し，酸化をさせるとタングステンの仕事関数が著しく低下することが知られており，市販の電子源としてよく使われている．

(3) 電界放出電子

一方，固体に熱を加えなくても高電界（約 10^3 V/cm）をかけるとエネルギー障壁の幅が薄くなり，電子は障壁をトンネルして外部へ放出される．これを電界放出（field emission）と呼ぶ．前項で述べたショットキー効果によるものと区別して，特にこれを冷陰極型電界放出電子と呼ぶこともある．図 2-3 に示すように，ポテンシャルは電界により，障壁からの距離に比例して減少する

ので，障壁の幅 b（ポテンシャルの値が0になる厚さ）は次式で見積もることができる．

$$b = \phi/eE \tag{2.7}$$

仕事関数 ϕ が5 eV のときに 10^5 V/cm の電界 E を掛けると，(2.7)式から b の値はおよそ 0.5 nm 程度となる．ここで e は電子の電荷である．障壁の厚さとトンネル電流の関係は5章の(5.16)式に与えられている．(5.16)式を用いて計算してみると，障壁の厚さが 0.5 nm 程度の場合は，障壁外でも電子は固体内部の 10^{-5} 程度の存在確率があることがわかる．この障壁をトンネルして外部に出た電子が電界放出電子となる．

0 K での電界放出電流 J_0 はファウラー-ノルドハイム（Fowler-Nordheim）の式で与えられる．

$$J_0 = (1.55 \times 10^{-6} E^2/\phi) \exp[-6.86 \times 10^7 \phi^{3/2} \theta(x)/E] \quad \text{A/cm}^2 \tag{2.8}$$

ここで，E (V/cm) は電界強度，$\theta(x)$ はノルドハイムの楕円関数，ϕ (eV) は仕事関数，$x = 3.62 \times 10^{-4} E^{1/2}/\phi$ である．この式から $\ln(J_0/E^2)$ を $1/E$ に対してプロットすると，その傾きから ϕ を求めることができる．これを FN プロットという．

電界放射型電子源は，熱電子放射型電子源に比べて，遥かに大きな輝度を持っている．ランタンボライドからの熱電子の電流密度はおよそ 10^6 A/cm^2 であるが，電界放出による電流密度は 10^9 A/cm^2 である．電界放出により電流を発生させるためには先端のとがった針状の金属が使われる．電界放出電流量は電極の表面状態に依存するため，真空度が悪いと電流量が安定しないので，電界

表 2-2 各種電子源の光源と輝度の大きさ（加速電圧 20 kV の場合）．

	熱電子		熱電界放出電子	電界放出電子
	タングステン	ランタンボライド		
輝度 (A/cm² Sr)	$10^4 \sim 10^5$	10^6	10^8	10^9
光源の大きさ (μm)	〜50	10	0.015	0.005

（日本表面科学会編：オージェ電子分光法，丸善，p. 43（2001））

2.1 電子線の発生方法

放出電子源を用いる機器では特に真空に十分な注意を払うことが必要である．現在は電極材料としては，多くの場合タングステン単結晶が使われている．表2-2に各種電子源の輝度の大きさを示す．

2.1.2 電 子 銃

電子源から放出された電子を固体表面に照射するためには，電子を細く絞ったビームにする必要がある．このためには，まず電子源から電子を引き出さなくてはならない．このため，電子源を囲むように電極（ウェーネルト電極と称する）を設置し，それに負の高電圧をかけるとともに，電子源のすぐそばにアノード電極（ただし，通常はアース電位に設定する）を設置して電子を引き出す．ウェーネルト電極から引き出された電子はいったん広がるが，アノード電極に入る際に再び絞られる．この絞られたときの大きさが電子源の大きさとなる．図2-4に電子源のモデル図を示す．

外部に引き出された電子ビームは電界式電子レンズまたは磁界式電子レンズによって細く絞る．現在では，微小領域解析が重要となっているので，より細

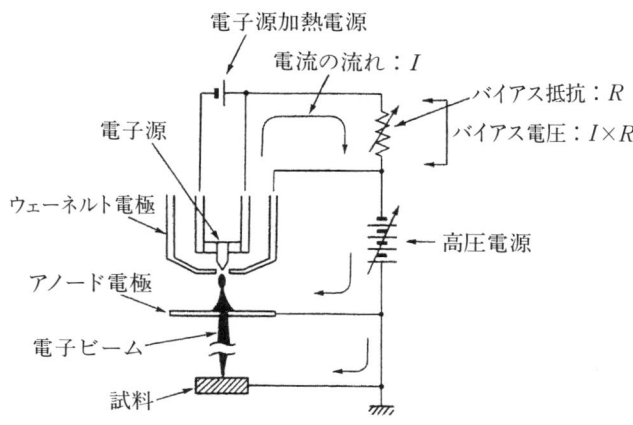

図 2-4　電子源の模式図（志水隆一，吉原一紘編：実用オージェ電子分光法，共立出版，p. 35（1989））．

く絞ることができる磁界式電子レンズが主として使われる．

速度 v の電子は，電界または磁束により，軌道を曲げる．電界強度 E により電界の方向に垂直に動く電子にかかる力は，電子の電荷を e とすると eE である．したがって，電場への入射時の軌道からの垂直方向へのずれ y と入射したときからの経過時間 t の関係は(2.9)式で表すことができる．

$$m\frac{d^2y}{dt^2}=eE \qquad (2.9)$$

また，磁束密度 B の場に入射した電子は，(2.10)式で示されるように，磁束の方向に垂直に，半径 r の円運動を行う．

$$evB=\frac{mv^2}{r} \qquad (2.10)$$

電子ビームが電界または磁界に入ると，電子の軌跡は(2.9)式および(2.10)式に従って曲がる．そして，光軸に平行に入射した電子ビームは，電界または磁界を通過後にある1点に収斂する．これは光学の凸レンズと同じであり，電子レンズと称する．光学の凸レンズは焦点距離が小さいものほど高倍率に拡大できる．この原理は電子レンズでも同じである．したがって，逆に考えれば，高倍率のレンズほどビームを細く絞ることができる．図2-5に電界式電子レンズ

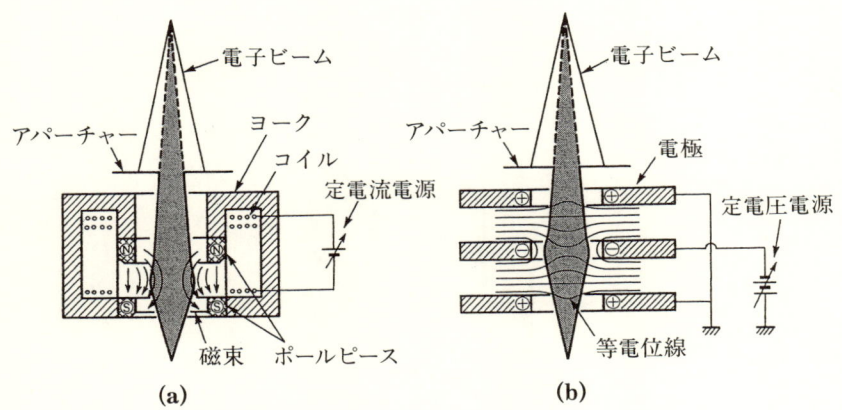

図 **2-5** 電子レンズの模式図．（a）磁界式，（b）電界式（志水隆一，吉原一紘編：実用オージェ電子分光法，共立出版，p. 37 (1989)）．

2.1 電子線の発生方法

と磁界式電子レンズの模式図を示す．通常は，磁界式レンズの方が電子ビームを細く絞ることができるため，高倍率のレンズには高磁場をかけた磁界式電子レンズが用いられる．

電子ビームを絞るレンズは図 2-6 に示すように，コンデンサーレンズと対物レンズからなる．レンズの収差を考えなければ，コンデンサーレンズによって生ずる倍率（縮小率）M_c，および直径 D_s の電子源（電子源の直径は電子銃から引き出された電子がいったん収束した点（クロスオーバー）における電子ビームの径で定義される）がコンデンサーレンズを通過した後の結像点における直径 D_c はそれぞれ以下のようになる．

$$M_c = b/a \tag{2.11}$$

$$D_c = D_s M_c \tag{2.12}$$

ここで，M_c はコンデンサーレンズの倍率である．対物レンズでも同様に倍率（縮小率）M_0 は次式で定義される．

$$M_0 = d/c \tag{2.13}$$

ここで，a，b，c，d は図 2-6 に示す焦点距離である．したがって，ビームの最小径は次式で与えられる．

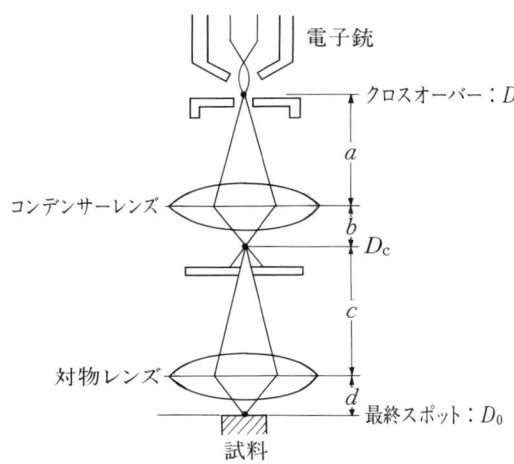

図 2-6　電子銃のレンズシステム．

$$D_0 = D_s M_c M_0 \tag{2.14}$$

電子レンズには球面収差,色収差,非点収差の3種類の収差がある.球面収差はレンズに入射するときの場所により発生する.色収差は加速電圧のばらつきにより発生する.非点収差はレンズ磁界が軸対象ではないために発生する.これらの収差のためにビームの最小径は(2.14)式よりも大きくなる.ただし,実際の電子銃はこれらの収差をできるだけ小さくするような工夫がなされている.

電界放出型電子源のように光源の大きさ自体が小さい電子源は,縮小率が小さくても微小スポットへの照射が可能なので,レンズの収差の観点から有利である.例えば,オージェ電子分光法に使用する電子銃の場合,加速電圧20 kV,電流が1 nAのときに,ビーム径は15 nm程度である.

2.2 低速電子線回折法

低速電子線回折法(Low Energy Electron Diffraction: LEED)は低速[*3](数百~数十 eV)の電子線を固体表面に照射し,固体表面の原子により散乱された電子線の回折像から表面の原子配列に関する情報を得る方法である.

2.2.1 原　　理

電子は固体と衝突すると,固体表面で反射するか,固体内部に進入する.固体表面に電子が衝突すると,電子は波としての性質を持っているために,固体を構成する原子により一部の電子が散乱される.この反射挙動は固体表面の原子配列の規則性を反映する.

電子線の波長 λ はド・ブロイの式から

[*3] eVはエネルギーの単位で,数値は加速電圧に等しい.エネルギーが低い電子は真空中での速度は小さい.そのため「Low Energy」を「低速」と訳す.

2.2 低速電子線回折法

$$\lambda = h/p \tag{2.15}$$

で表すことができる．ここで，h はプランク定数，p は電子の運動量である．波長と電子の運動エネルギー E_k との関係は非相対性理論の範囲では

$$E_k = p^2/2m \tag{2.16}$$

ただし，m は電子の質量である．したがって

$$\lambda = \frac{h}{\sqrt{2mE_k}} = \sqrt{\frac{1.504}{E_k}} \quad (\text{nm})\,(E_k \text{ は eV 単位}) \tag{2.17}$$

この式から，数百〜数十 eV の電子線の波長はほぼ格子間隔と同程度となり，表面の原子配列を反映した回折が生じる．また，数百〜数十 eV の電子の固体内への進入深さは 1 nm 程度なので，反射した電子線はごく表面近傍の情報のみを与える．

ここで，波長 λ の電子が d の間隔で表面に配列する同種の原子により散乱される場合を考えてみる．簡単な例として，図 2-7 に示すように原子が一次元に並んでいるとする．この原子列に角度 θ_0 で入射した電子が角度 θ_1 で反射すると，光路差 ($d\cos\theta_0 - d\cos\theta_1$) が波長の整数倍のとき，すなわち，

$$d\cos\theta_0 - d\cos\theta_1 = n\lambda \tag{2.18}$$

$$(1/\lambda)\cos\theta_0 - (1/\lambda)\cos\theta_1 = n/d \tag{2.19}$$

のときに，電子波は強め合う．(2.19) 式は角度 θ_1 の方向に回折波が生じることを示している．ここで n は整数である．したがって，θ_1 を観測することにより，格子間隔 d を求めることができる．また，回折波の方向性，対称性か

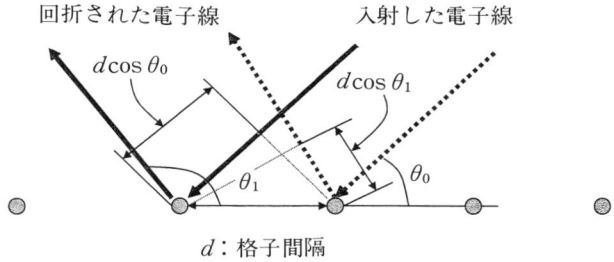

図 2-7 一次元配列した原子（格子間隔：d）により電子線が回折される挙動．

ら表面構造の二次元的周期性がわかる．

この式が基礎であるが，実際には結晶表面の原子配列は二次元結晶と考えて取り扱うとよい．これは入射した低エネルギーの電子線が結晶の深さ方向にはほとんど進入しないため，z方向の回折条件を無視することができ，x, y方向だけで回折条件が規定されるためである．二次元結晶からの回折を考えるためには，三次元結晶からのX線回折のときに用いるエバルトの作図法を用いるとよい．三次元結晶からの回折の場合は，逆格子空間上の逆格子点と半径（$1/\lambda$）の球（エバルト球という）との交点が回折点を与える．なお，エバルト球の中心は，X線の入射軸上で，X線の固体表面の入射点からの距離が（$1/\lambda$）のところにある．二次元結晶の場合には，垂直方向の次元に周期性がないため，回折条件が大幅に緩和され，三次元結晶の場合の逆格子点は結晶表面に垂直に延びた一次元の線状（ロッド状）になる．これを逆格子ロッドという．すなわち，二次元結晶の逆格子空間には，図2-8に示すように，$1/d$の間隔で逆格子ロッドが立つ．この逆格子空間に半径（$1/\lambda$）のエバルト球を描くと，エバルト球が逆格子ロッドと交差する点が回折する点となる．このことを図2-8で確認してみる．図2-8にはわかりやすくするために，一次元の逆格子が描かれており，エバルト球は，「球」ではなく「円」として表現されている．$1/d$

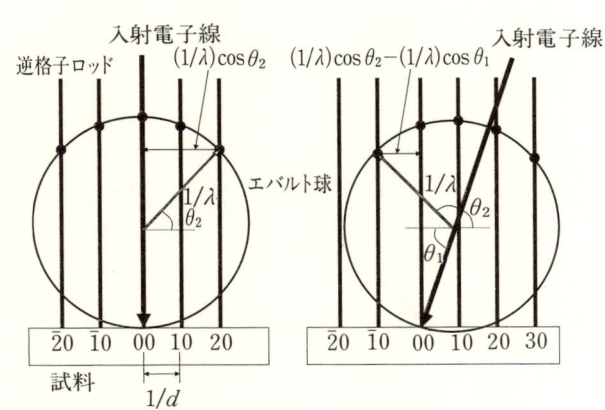

図2-8 LEEDにより得られる回折点は逆格子ロッドとエバルト球の交点である．

の間隔で垂直に引かれた直線が逆格子ロッドである．電子線が照射する点を$(0\,0)$とすると，格子点には，それぞれ$(1\,0)$，$(2\,0)$というように位置づけをすることができる．今，試料に垂直に入射があった場合を図2-8の左側に描く．$\cos\theta_1=0$なので，エバルト球と逆格子ロッドとの交点が$(1/\lambda)\cos\theta_2=n/d$の条件を満たしていることがわかる．すなわち，角度$\theta_2$の方向に反射される電子波が強め合うことになる．図2-8の右側には試料に角度θ_1で照射されたときの反射の挙動を示してある．エバルト球と逆格子ロッドとの交点が(2.19)式を満足しており，回折角θ_2が得られる．LEEDの場合は試料表面に垂直に入射することが多い．この場合，球面蛍光板の中心を電子線の入射軸上におけば，蛍光板上の回折スポットは逆格子ロッドの正確な投影図となる．

2.2.2 装　　置

一般に使用されている装置は，図2-9に示すように，電子銃，試料保持部，

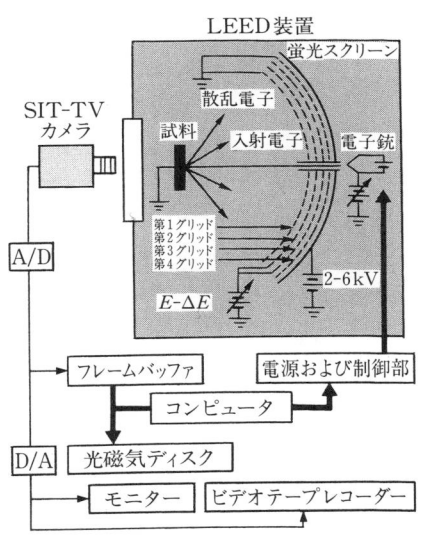

図2-9 LEED装置（日本表面科学会編：表面分析図鑑，共立出版，p.22（1994））．

グリッド，蛍光スクリーン，電源，カメラ，制御・データ処理用コンピュータからなる．電子銃，試料保持部，グリッド，蛍光スクリーンは真空装置の中に納められている．電子銃の陰極はWやLaB$_6$で作られている．通常試料はアース電位にする．グリッドは100メッシュ程度の金網を球形に成形してある．グリッドは通常4枚からなる．両外側の2枚はアース電位に保たれ，中央の2枚は試料により非弾性散乱された電子を取り除くため，陰極に対して+1Vほど高電位にする．蛍光スクリーンには2〜6kV程度印可して最終グリッドを通過した電子を加速させスクリーンを発光させる．

2.2.3 回折像の解釈

図2-10に立方格子の(001)面上の吸着構造としてよく観察される構造を示す．図2-10の上側に，実空間の結晶構造（格子定数：d）を示す．清浄な結晶面を左側に，吸着した構造を右側に描く．吸着構造は，x軸とy軸の方向に2倍の辺の長さを有する単位胞[*4]（格子定数：$2d$）があり，その中央に一つ吸着原子が存在する構造となっている．この構造が繰り返されている．これをc(2×2)と表す．清浄な(001)面から予期される点には整数の二次元ミラー指数が割り当てられ，吸着により出現した点には分数指数が与えられる．cはセンターの意味である．cをつけるのは，センターに原子が存在することにより，(1/2 0)およびその等価な逆格子ロッドは存在しなくなり，2×2構造と区別するためである．図2-10の下側には回折像図を示す．一方，基準の取り方を45°傾け，さらに単位胞の長さを$\sqrt{2}$倍にすると，別な単位胞ができる．これを$\sqrt{2}\times\sqrt{2}$-R 45°と呼ぶ．Rは回転の意味である．c(2×2)というか，$\sqrt{2}\times\sqrt{2}$-R 45°というかは単位胞の取り方によるだけで，構造は同一である．

[*4] 単位格子は空間格子のユニットである一つの六面体を指すが，単位格子の中に，元の原子と等価でない異種の原子が入ると，基本的な単位格子ではなくなるが，物質に特有の結晶単位ではある．これを単位胞という．単位格子は単位胞の原型であるが，最も簡単な単位胞でもある．

2.2 低速電子線回折法

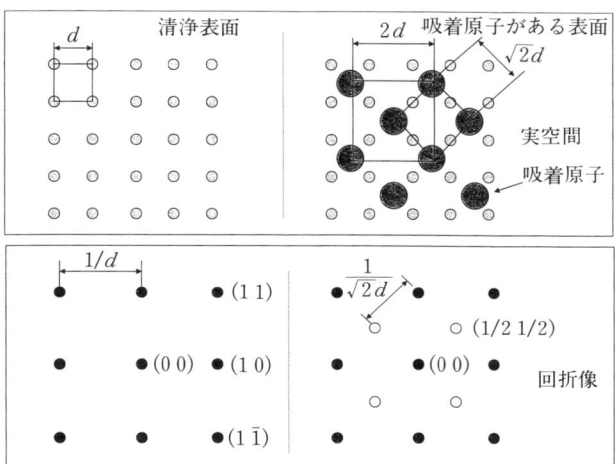

図 2-10 立方格子の(001)面から得られる回折像．上段の左は清浄表面，右は吸着構造を示す．下段はそれぞれの表面から得られる回折像を示す．○は吸着構造により新たに出現する回折点．

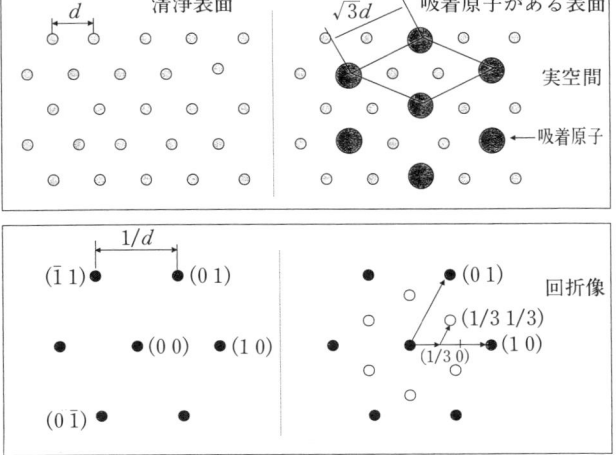

図 2-11 立方格子の(111)面から得られる回折像．上段の左は清浄表面，右は吸着構造を示す．下段はそれぞれの表面から得られる回折像を示す．○は吸着構造により新たに出現する回折点．

図 2-11 に立方格子の (111) 面上の吸着構造としてよく観察される構造を示す．図 2-11 には，実空間の結晶構造も示す．清浄な結晶面を左側に，吸着した構造を右側に描く．この構造は，図に示すように基準の取り方を 30° 傾け，単位胞の長さを $\sqrt{3}$ 倍にすると，吸着構造の基本単位ができる．これを $\sqrt{3} \times \sqrt{3}$-R 30° 構造と呼ぶ．

これらの方法は回折パターンの幾何学的配置に注目し原子配列を求めたものである．しかし，結晶表面の二次元単位格子内の全原子の位置を決定するためには，多重散乱を取り入れた動力学的理論を用いて回折強度の計算を行い，実測値と比較する必要がある．これには膨大な計算が要求され，実際に実行している研究者はそう多くはない．

2.3 反射高速電子線回折法

反射高速電子線回折法 (Reflection High Energy Electron Diffraction: RHEED) は一般に 10～50 keV の電子線を試料表面に数度程度 (0° から 7°) の浅い入射角度で入射させて，電子の波動性により結晶格子で回折された電子線を反対側に設置された蛍光スクリーン上に投影して，結晶表面の様子を調べる方法である．入射角度が浅いので電子線は試料表面から数原子層しか進入せず，そのため表面層からの回折の寄与が大きいために，表面構造にきわめて敏感である．また，この方法は試料表面上の空間が広く取れるために，蒸着装置などを組み込むことにより，薄膜成長の様子がその場観察でき，結晶表面上の薄膜形成に関する原子レベルでの評価が可能である．

2.3.1 原　理

RHEED で得られる回折像を理解するには，LEED の場合と同様に，逆格子とエバルト球の概念を用いるとよい．図 2-12 に RHEED 回折点とスクリーンの関係を示す．半径 ($1/\lambda$) のエバルト球と (hk) ロッドの交点が回折条件

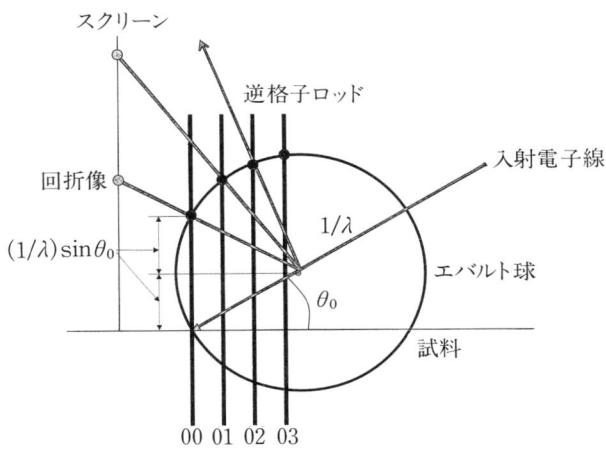

図 2-12 RHEED で得られる回折点．逆格子ロッドとエバルト球の交点がスクリーン上に映される．

を満たすことは，図 2-8 と同様の理由である．RHEED の場合は入射角度を数度以内と浅くするために，LEED と異なり，スクリーンを入射電子線の進行方向に設置する．回折点はスクリーン上に投影される．RHEED の場合には電子線の入射角が浅いため，結晶表面は二次元格子として電子線に作用する．LEED の章 (2.2.1) で述べたように，二次元格子の場合は深さ方向の回折条件は緩和され平面方向だけを考えればよく，逆格子空間では z 軸の条件が緩和されるために逆格子ロッドを取り扱えばよいということになる．例えば fcc 結晶の (001) 面に [110] 方向から電子線が入射したときには，(0 0) ロッドを含む面（これを第 0 ラウエゾーンと呼ぶ）の半径は $(1/\lambda)\sin\theta_0$ である．ここで θ_0 は入射角である．同様に $(n\,0)$ ロッドを含む面（第 n ラウエゾーン）も円形となり，図 2-13 のような回折像が得られる．すなわち，RHEED では同心円上に回折点が現れる．これらの同心円を水平線（シャドーエッジ）で半分に区切られた下半分は試料の影になり観察できない．しかしながら，通常用いられる 1 mmφ 以下程度の電子線が試料表面にすれすれの角度で入射するとき，入射電子線の一部は試料をかすめて直接スクリーンに到達して図中の星印

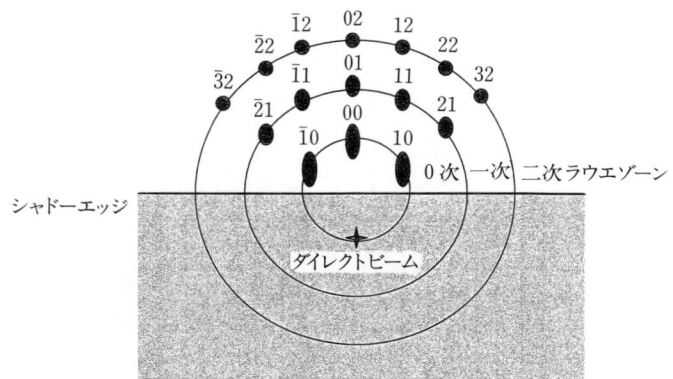

図 2-13　RHEED で得られる回折像．

の位置に斑点を形成する．この斑点と鏡面反射点（0 0）とを結ぶ線分の垂直二等分線がシャドーエッジを形成する．なお，回折点が理想的な点になるのは，無限に広い完全な二次元平面からの回折像の場合で，実際には結晶の有限性や表面の荒れ，ステップなどにより回折点は上下に延びてストリーク状の回折像が得られる．

2.3.2　装　　置

RHEED 装置は図 2-14 に示すように高速電子銃と蛍光スクリーンで構成される．電子銃には加速電圧 10～500 kV 程度が用いられ，膜成長装置と組み合わされるような場合には 10～50 kV が多用されている．また，スリットによって電子線の径を 50～200 μm に変えることができる．

2.3.3　RHEED 強度振動

RHEED 強度が MBE（Molecular Beam Epitaxy：分子線エピタキシー）成長中に振動することが知られている．この現象を用いて原子層精度で成長をモニターすることができるため，今日では超格子結晶の成長制御への応用など

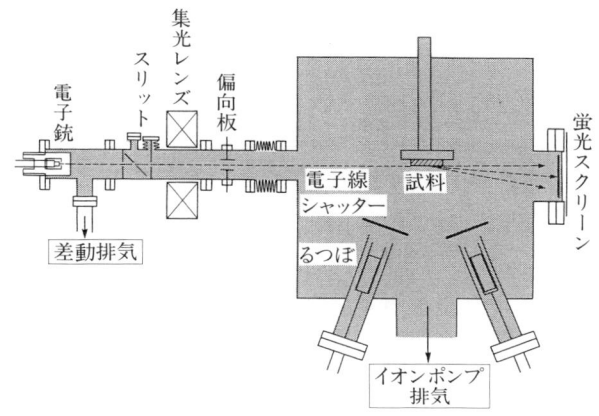

図 2-14 RHEED装置の概念図．なお，るつぼはMBE薄膜試料を蒸着させるために使用する（日本表面科学会編：表面分析図鑑，共立出版，p. 20（1994））．

多くの研究が行われている．RHEED強度の振動現象を説明するために，いくつかのモデルが提案されている．それらは，① ステップが存在すると反射電子線が弱め合い，表面が平坦になると強め合うために振動が起こる，② 電子の散乱はステップ端による多重散乱が支配的であり，そのステップ端の数の増減によって振動が起こる，③ 表面にできる超構造が周期的に変化することによって振動が起こる，などである．いずれにしろ，この振動現象を利用して薄膜の成長速度を精密に求めることができる．

2.4 走査電子顕微鏡

走査電子顕微鏡（Scanning Electron Microscope: SEM）は電子工学的に細く絞った電子ビームで試料表面を走査し，試料表面から発生する二次電子（ここでは，反射電子以外の電子を二次電子と総称する），反射電子，および吸収電流を検出することによって試料表面の拡大像を得る方法である．二次電子

のエネルギーは数十 eV 程度以下と小さく脱出深さは数 nm 程度となるため，試料表面の形態観察ができる．試料表面から放出される二次電子量や反射電子量は対応する点の傾斜角に依存するため，走査電子顕微鏡で得られる像（SEM 像）は試料表面の微細な凹凸を映し出すことができる．

2.4.1 原　　理

電子線を材料表面に照射すると試料表面から反射電子，二次電子，X 線や蛍光が発生する．図 2-15 に固体に電子が衝突したときに，固体表面から放出される電子のエネルギー分布を示す．これらの中で，SEM 像の形成に利用されるのは，試料の最表面原子によりエネルギーを失わずに弾性散乱された反射電子，入射電子と固体構成原子との相互作用によって放出される二次電子である．一方，入射電子の試料中への侵入量を測定することにより，電子ビームと試料との相互作用を解析し，内部構造を推定することも可能である．

図 2-16 に反射電子量の原子番号依存性を示す．図には理論曲線と実験値が示されている．反射電子量は原子により異なるため，SEM 像には組成の違い

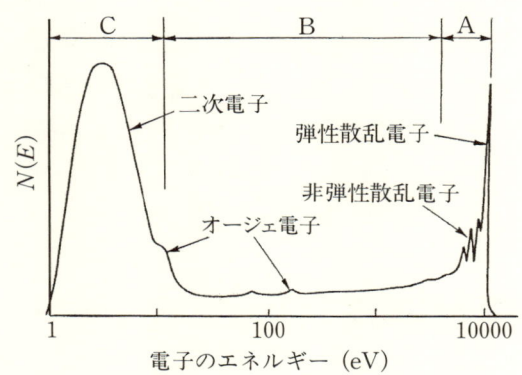

図 2-15　入射電子エネルギー 10 keV に対する後方散乱電子（弾性散乱電子，非弾性散乱電子）および二次電子（オージェ電子を含む）のエネルギースペクトル（日本表面科学会編：表面科学の基礎と応用，フジテクノシステム，p. 215（1991））．

2.4 走査電子顕微鏡

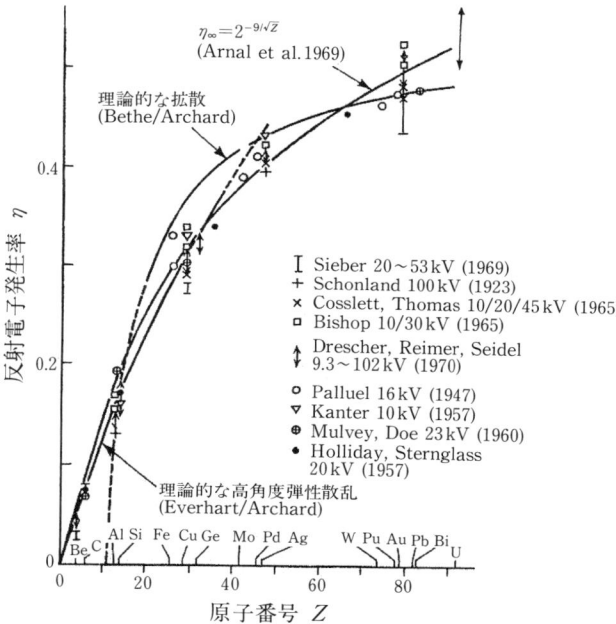

図 2-16 反射電子発生率 (η) の原子番号 (Z) 依存性 (日本分析化学会編：機器分析ガイドブック, 丸善, p. 676 (1996)).

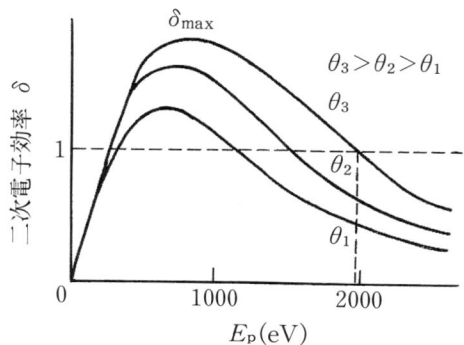

図 2-17 二次電子効率 (δ) の入射エネルギー (E_p) 依存性. θ_1, θ_2, θ_3 は入射角 (日本分析化学会編：機器分析ガイドブック, 丸善, p. 676 (1996)).

によるコントラストが形成される．図 2-17 には二次電子の発生効率 δ（二次電子量/入射電子量）の入射電子のエネルギー依存性を示す．δ は数百 eV〜1 keV の入射エネルギーで最大値を持ち，入射角の増大とともに発生効率が増す．図 2-18 には反射電子の空間分布の入射角依存性を示す．入射角が垂直の場合は入射方向に，斜入射の場合には反射方向に多量に放出される．すなわち，二次電子および反射電子の量は，入射電子に対する試料表面の傾き，すなわち，試料表面の凹凸に依存するので，SEM 像のコントラストは試料表面の形状を反映する．なお，電子ビームの開き角は非常に小さく，鋭いビームとなって試料表面に照射される．そのため，焦点深度は光学顕微鏡に比べると遥かに大きいので，立体的な像を映し出すことができ，かなり凹凸がある試料でも全面にピントがあった像が得られる．

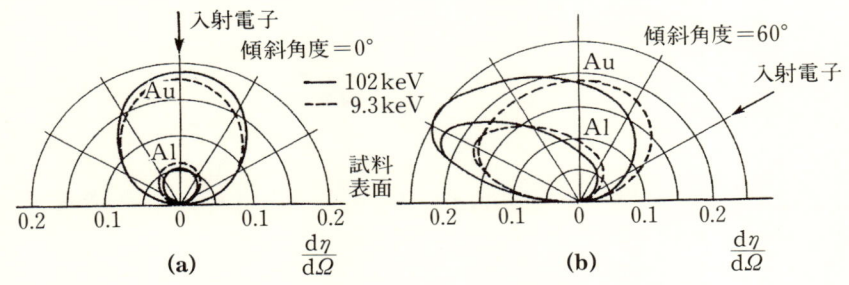

図 2-18 試料表面における反射電子の入射角依存性．$d\eta/d\Omega$ は単位立体角あたりの反射電子発生率（日本分析化学会編：機器分析ガイドブック，丸善，p. 677 (1996)）．

SEM における走査ビーム径は，加速電圧を低くするに従って大きくなる．これは電子銃の輝度の低下，電子レンズの収差の増加などによるもので，したがって，通常の SEM では加速電圧は 20〜30 keV である．ただし，加速電圧を上昇させると入射電子は試料内部に大きな拡散領域を持つため，加速電圧が高くなるほど試料表面の微細な凹凸に鈍感になる．

（1） 反射電子による像の形成

　反射電子のコントラストは組成に依存し，また，放出角度（入射電子に対する試料表面の傾き）に依存する．反射電子を用いる場合には，検知器に直進する電子のみを検出するために強い形状コントラスト（試料表面の凹凸）を示す．ただし，反射電子は入射電子と同じエネルギー（通常の加速電圧は20〜30 keV）を持つので，数 μm の深さで発生した反射電子でも固体外部に放出され，検出される．したがって，数 μm の深さにおける情報も持っており，二次電子によるコントラスト像ほど表面に敏感ではない．

（2） 二次電子による像の形成

　図2-15に示すように，二次電子のエネルギーは数十 eV 以下で，数 eV のエネルギーを持つ電子の数が最も多い．最表面で発生した低エネルギーの電子のみが固体外部に放出されるため，最表面の形状に敏感である．また，低エネルギーであるため，電界や磁界により放出方向の異なる電子を検出器に導くことができる．これにより，反射電子では検出できなかった，検知器の影となる部分の情報取得も可能となる．

（3） 吸収電流による像の形成

　試料に電流 I_p の電子ビームが照射されたとき，試料に吸収される電子電流 I_a は次の式で与えられる．

$$I_a = I_p - \delta I_p - \eta I_p \tag{2.20}$$

ここで，δI_p は二次電子電流，ηI_p は反射電子電流である．δI_p，ηI_p とも強度の角度依存性は同じなので，吸収電流による像は，二次電子による像や反射電子による像とコントラストが反転したものとなる．また，吸収電流は入射電子と固体内部の原子との相互作用によっても変化するので，半導体の p-n 接合の観察にも用いられる．

2.4.2 装　　置

　SEMの場合には，電子ビームを細く絞ることが重要である．図2-19にSEM装置の基本構成図を示す．電子銃や電子レンズを用いてできるだけ細い電子ビームを作り，試料面を偏向磁界により二次元走査をする．電子銃にはWやLaB$_6$が使われているが，最近では輝度の大きいLaB$_6$が使われるようになってきた．発生した二次電子は二次電子検出管によって集められ，増幅されて表示される．通常のSEMの倍率は数十万倍から数万倍である．試料を微動機構に載せて，見たい箇所に試料位置を移動させることができる．

　SEMの分解能は，二次電子の脱出深さや空間分布によって決定され，およそ20～30 nm が分解能限界とされている．しかし，これは平坦試料の場合で，実際の試料では様々な凹凸があり，実際にはこの凹凸を観察することが目的となる．したがって，最終的には分解能は入射ビーム径とほぼ等しくなり，ビー

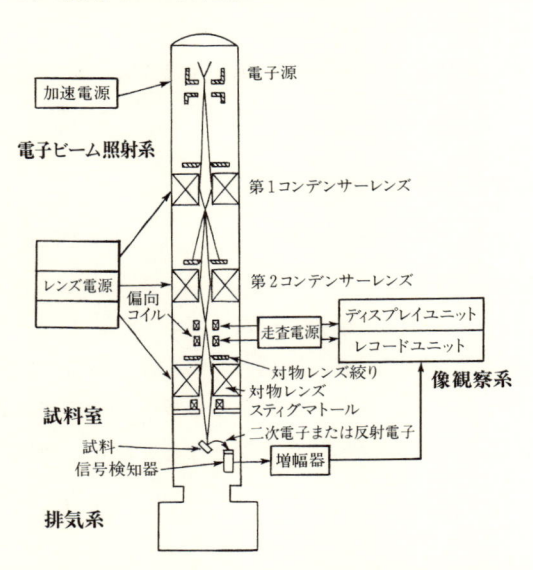

図 2-19　SEM装置の基本構成図（日本分析化学会編：機器分析ガイドブック，丸善，p. 669（1996））．

ム径を小さくすることによりSEMの高分解能化を図ることができる．

　SEMの高分解能化は電界放出型の電子銃が実用化されたことによることが大きい．電界放出型の電子銃には電界研磨したタングステン単結晶チップが用いられる．このエミッターチップは常温で使用されるため寿命が長い（LaB_6チップの10倍以上）．電子源の大きさは数nmと推定され，したがって輝度はきわめて大きく（LaB_6チップの100～1000倍以上），高分解能SEMに必須となる細い電子プローブを作ることができる（表2-2参照）．

2.5　透過電子顕微鏡

　透過電子顕微鏡（Transmission Electron Microscope：TEM）は物質の形態や内部構造を，薄膜状の試験片中に高速の電子線を透過させることにより観察する装置である．最近はTEMの高性能化により原子のレベルで観察できるようなものがありこれは特に高分解能電子顕微鏡（High Resolution Transmission Electron Microscope：HRTEM）と呼ばれ，結晶内の原子配列を直視するだけの分解能（0.1～0.2 nm）を有している．

2.5.1　原　　理

　電子が物質に衝突すると，物質中の原子との相互作用をせずに透過していくものと，相互作用を起こし散乱されるものに分けられる．電子線の透過能は物質により異なるが，200 kVの電子線の場合，一般的には，試料厚さがおよそ50 nm以下ならば明瞭な透過像が得られる．一方，エネルギーを失わずに弾性散乱された電子は原子が周期配列をしている場合には，ブラッグの条件

$$2d \sin \theta = n\lambda \tag{2.21}$$

を満たすように強め合い，特定の方向，すなわち結晶面から反射された方向に進む．ここで，dは結晶面の間隔，θは入射角と反射角（両角は等しい），λは波長，nは整数である．電子顕微鏡ではこの透過波と弾性散乱波を利用して

電子顕微鏡による像の拡大は光学顕微鏡の場合と同じで，対物レンズによって何段にもわたり拡大させる．電子顕微鏡の電子の加速電圧は数百 kV から千 kV 程度と非常に高い．したがって，電子線の波長が短いために光学顕微鏡の場合と異なり，複数回拡大しても像はぼけずに 200 万倍くらいまでは拡大できる．

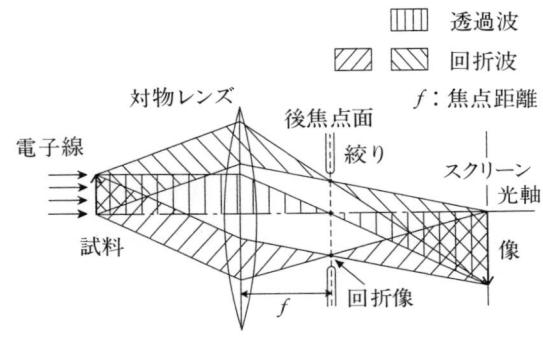

図 2-20 対物レンズ近傍の電子線経路．後焦点面に電子回折像が生じている（日本表面科学会編：透過型電子顕微鏡，丸善，p. 43 (1999)）．

図 2-20 に対物レンズ近傍の電子線の経路を示す．試料に入射した電子線の多くの部分は試料を通過して，対物レンズの後焦点（焦点距離 f は通常数 mm に設定されている）面を通り，スクリーン上に像を結ぶ．この透過層は試料の幾何学的な構造（厚さの不均一や析出物などの存在）の情報を与える．一方，試料が結晶のものは，一部の電子がブラッグの条件を満たす方向に反射され，同様に対物レンズの後焦点面に結像する．ブラッグの条件は結晶面ごとに異なるので，透過波を中心として回折点の配列が映し出される．この回折点は試料の結晶構造に関する情報を与える．これらの透過像や回折像を利用して，材料の構造解析を行う．

(1) 明視野像

試料を通過する電子線のうち，結晶面により散乱されずに直進する波を選ん

2.5 透過電子顕微鏡

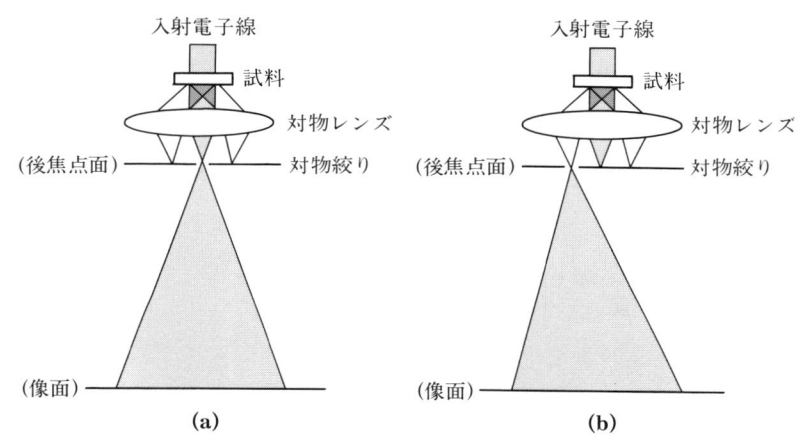

図 2-21 明視野像と暗視野像の結像原理．(a) 明視野像は透過波を結像させる，(b) 暗視野像は回折波のどれか一つを選んで結像させる（日本分析化学会編：機器分析ガイドブック，丸善，p.654（1996））．

で拡大結像させたものが明視野像である．明視野像を得るためには，図2-21(a)に示すように対物絞りを対物レンズの直下において，直進する透過電子線のみを通過させる．電子線が試料を通過するときには，物質内の結晶の不均一性や転位，析出物（格子欠陥という）などによって回折を受け曲がってしまう．したがって，直進した透過電子線のみを結像させれば，それは試料内の格子欠陥を影絵のように映し出したことになる．電子線のエネルギーが大きいため，入射した電子線のうちブラッグ反射を起こして曲げられるものは少なく，直進するものが多い．したがって，直進した電子線の強度は大きくなり，明るい像が得られる．したがって，この像は明視野像といわれる．

(2) 暗視野像

図2-21に示すように，対物絞りの位置を(a)の場合から(b)に変えて，試料によって，(2.21)式を満たす条件で回折された電子線のうち，特定の回折面からのものを選んで通過させ結像させると，結晶面が均一でない箇所，例えば格子欠陥があるような場所ではブラッグ回折条件を満たさなくなるため，結像

しない．したがって，この方法により特定の結晶面についての構造情報を得ることができる．ブラッグ反射波は強度が小さいので暗く見える．また，明暗のコントラストは上記の明視野像とは逆になり，暗視野像と呼ばれる．なお，暗視野像は収差の影響を受けるので，それを避けるために，入射電子を斜めから照射し，散乱波が光軸になるようにして撮影する方法がとられるのが普通である．

（3） 回折像

試料に入射した電子線のうち各原子により弾性散乱された波は各結晶面でブラッグ反射されて試料を通過する．通過した波は図 2-20 に示すように対物レンズの後焦点に像を結ぶ．図 2-22 に電子回折像の形成の原理を示す．O 点に向かって入射した電子線は原子によって散乱され，回折点 P に向かう．原子が作る格子面 (hkl) の間隔を d_{hkl} とすれば，角度 2θ の方向に散乱される電子線は位相がそろうために強められ，回折点が生じる．電子の波長を λ とすると，(2.21)式のブラッグの法則（$2d_{hkl} \sin \theta = n\lambda$）が成立する．ここで，電子

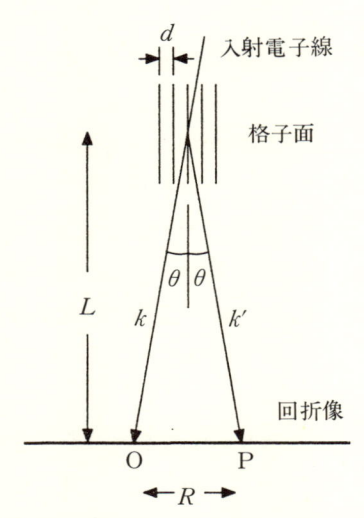

図 2-22 電子回折像の形成．k 方向に入射した電子波は k' 方向に回折される（日本表面科学会編：透過型電子顕微鏡，丸善，p. 113 (1999))．

回折像の中心点 O より回折点 P までの距離を R，試料と写真フィルムまでの距離を L とすると，$n=1$ の場合には

$$\frac{\lambda}{d_{hkl}} = 2\sin\theta \approx 2\frac{R}{2L} = \frac{R}{L} \tag{2.22}$$

が成立する．したがって，回折点間での距離を測定することにより，格子間隔を得ることができる．これは実空間の議論であるが，逆格子空間を考えると，より具体的な結晶構造解析が行える．LEED や RHEED のときは，電子線の散乱は表面のみで生じるため，二次元の結晶を考えるが，透過電子顕微鏡は，電子のエネルギーが大きいため，電子線は固体内部にまで侵入して回折され，三次元の結晶構造に関する情報を取得することになる．LEED や RHEED のときと同じようにエバルト球を用いて考えると，二次元結晶からの回折とは異なり，逆格子空間には，垂直方向の周期性による回折の制限が加わるため，逆格子ロッドではなく，図 2-23 に示すような逆格子点が存在する．逆格子点とエバルト球の交点を G$(=(hkl))$ とすると

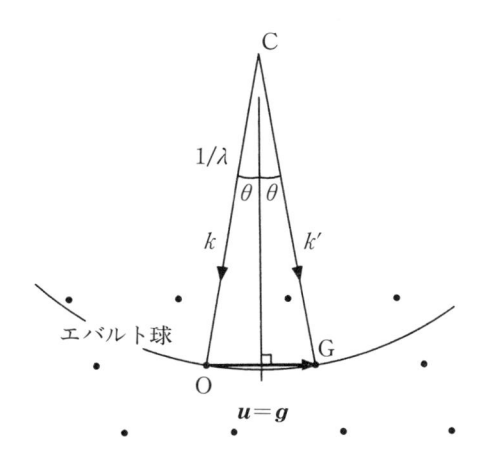

図 2-23 透過電子顕微鏡における逆格子点とエバルト球の関係．$u(=k'-k)$ は散乱ベクトルで，g は逆格子ベクトルである．u と g が一致するときに回折条件が満たされる（付録 C.3 参照）（日本表面科学会編：透過型電子顕微鏡，丸善，p. 115（1999））．

$$\mathrm{OG} = 1/d_{hkl} = 2(1/\lambda)\sin\theta \qquad (2.23)$$

となり，(2.21)式を満足する．実際には 200 kV の電子線のエバルト球の半径は約 4 nm^{-1} なので，逆格子の間隔に比べて非常に大きい．したがって，エバルト球は平面で近似されるので，結晶格子の回折像は，逆格子点が等間隔に並んだ像として得られる．これから結晶構造や格子間隔が得られ，物質を同定することができる．

（4） 格 子 像

図 2-24 に格子像の結像原理を模式的に示す．試料に入射した電子線のうち各原子により弾性散乱された波は各結晶面でブラッグ反射されて試料を通過し，対物レンズの焦点に回折像を結ぶ．この像は，電子線の入射方向から見た結晶格子のフーリエ変換像として映し出される（フーリエ変換に関しては付録 c に解説してある）．対物レンズの後焦点面で結像した像は，さらに最終結像面へと向かうが，この間にまた互いに干渉し合って，最終結像面へは対物レン

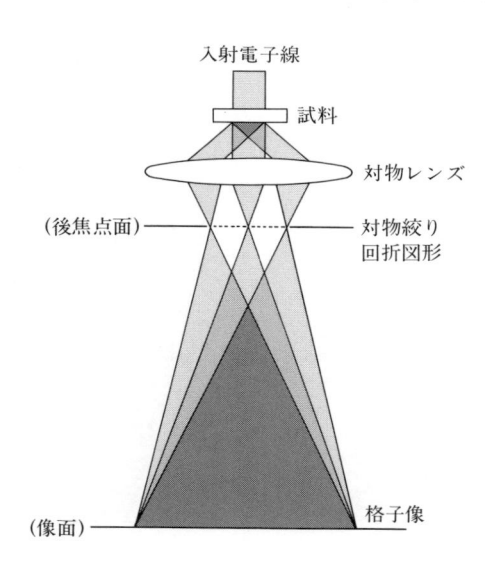

図 2-24 格子像の結像原理（日本分析化学会編：機器分析ガイドブック，丸善，p. 656（1996））．

ズの後焦点面上の像のフーリエ変換像が映される.したがって,結晶面でブラッグ反射した波はフーリエ変換を2回経て最終結像面へ映し出されることになる.フーリエ変換を2回することにより,いったん作られた逆格子空間を実空間に再び戻すことができ,最後に現れた干渉像は現実の原子配列をそのまま実空間に拡大したものとなる.現在,200 kV 高分解能電子顕微鏡の分解能はおよそ 0.2 nm である.

2.5.2 装　　置

装置は主に照射系(電子銃とコンデンサーレンズ),試料室,結像系(対物レンズ,中間レンズ,投影レンズ),観察系(カメラ室,記録系),付属装置などから構成される.電子銃はタングステンや LaB_6 の熱電子源や電界放射型電子銃が使われる.結像系は対物レンズを4～6段ほど組み合わせて最低 100 倍から最高 200 万倍程度までに像を拡大させている.

2.5.3 分析電子顕微鏡

以上の基本構造に加えて,TEM や SEM に付属装置として半導体 X 線検出器や電子エネルギー分析器をつけたものは分析電子顕微鏡(Analytical Electron Microscope: AEM)と呼ばれる.AEM は薄膜試料を対象としていることから,2.6 で説明する EPMA と比較すると空間分解能が数 nm～数十 nm と 2 桁以上優れている.AEM では高輝度の電子線を試料に照射させ,発生する特性 X 線を半導体検出器(Energy Dispersive X-ray Spectrometer: EDX または EDS)により検出したり,非弾性散乱電子(電子線が固体内の原子と非弾性的に衝突して,原子に特有のエネルギーを失う)をエネルギー分析器で分光したりすることにより,照射点の組成解析を行う.

高速電子が薄膜を通過する際に,入射電子の一部は原子の内殻準位の励起などにより,非弾性散乱されてエネルギーを失う.このときに,原子の内殻電子の励起により発生する元素固有のエネルギーを持った X 線が発生する.これ

を特性X線という．このエネルギーをEDXにより計測することで，照射部分の組成解析を行うことができる．この方法についてはEPMAの項で詳述する．

TEMによる電子エネルギー損失分光法（Electron Energy Loss Spectroscopy：EELS）は，この通過した高速電子のエネルギースペクトルを電子顕微鏡の鏡体下部または拡大レンズ系内に取り付けた電子エネルギー分析器[*5]により取得する．比較的よく使われている電子エネルギー分析器は，鏡体下部に取り付けるマグネットセクター型の分析器で，この分析器は，磁場をかけることにより，電子がそのエネルギーに対応して軌道が変化することを利用して計測する．

2.6 電子線プローブマイクロアナリシス

電子線プローブマイクロアナリシス（Electron Probe Micro Analysis：EPMA）は細く絞った電子線を固体表面に照射し，発生する特性X線のエネルギーを測定して表面の組成解析を行う方法である．特性X線のエネルギーと試料の原子番号との間には一定の関係があるため元素（Be以上）分析が可能となる．電子線を照射したときにX線が発生する場所は限られており，およそμmオーダーの微小領域の分析ができる．EPMAは同時に二次電子や反射電子も発生するのでSEMと同様に形状観察ができ，形状と元素分布の対応が容易である．

[*5] 電子エネルギーの分析器はしばしば分光器と呼ばれる．しかし，例えばオージェ電子分光装置というように，分光器（spectrometer）は装置全体を指す用語なので，本書では電子エネルギーを解析する部分は分析器（analyzer）として表記する．ただし，X線のエネルギー（波長）を解析する部品は，慣用上，分光器と表記する．

2.6.1 原　　理

　図 2-25 に示すように，試料に入射した電子線は，物質を構成する原子と衝突して内殻電子を励起する．励起されて放出された電子の後に生じた空孔に，より外殻の電子が落ち込む際に余分なエネルギーが電磁波として放出される．これが特性 X 線である．特性 X 線のエネルギーと原子番号の間には以下に示す一定の関係がある（モーズレーの法則）．

$$\sqrt{\nu} = K(Z-s) \tag{2.24}$$

ここで，ν は特性 X 線の振動数，Z は原子番号，K，s はスペクトル線の種類に依存する定数である．図 2-26 に特性 X 線の波長と原子番号の関係を示す．図中で K 系列とあるのは，原子核の K 軌道にできた空孔に，より上の準位（L 殻や M 殻など）から電子が落ちてきたときに発生する X 線の振動数である．なお，線が複数あるのは，落ち込む上の準位が複数個あるからで，落ち込む上の準位に対応して，Kα 線，Kβ 線というように区別される．なお，X 線の発生に関する詳しい説明は 3 章に述べる．

　電子は原子との 1 回の衝突でその運動エネルギーのすべてを失うわけではなく，何回かの衝突を繰り返してその都度原子を励起する．そのため試料に入射したときのビーム径をある程度以上絞っても励起される範囲は広がり，およそ

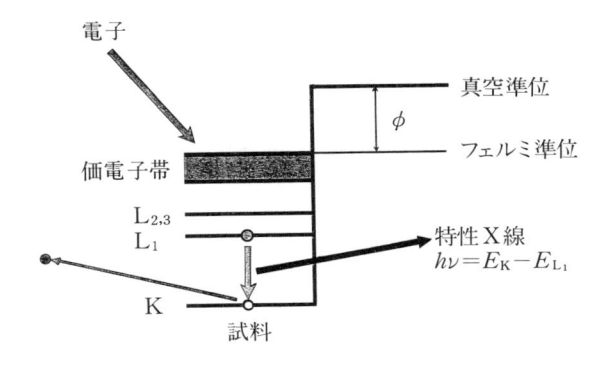

図 2-25　特性 X 線の発生の原理．

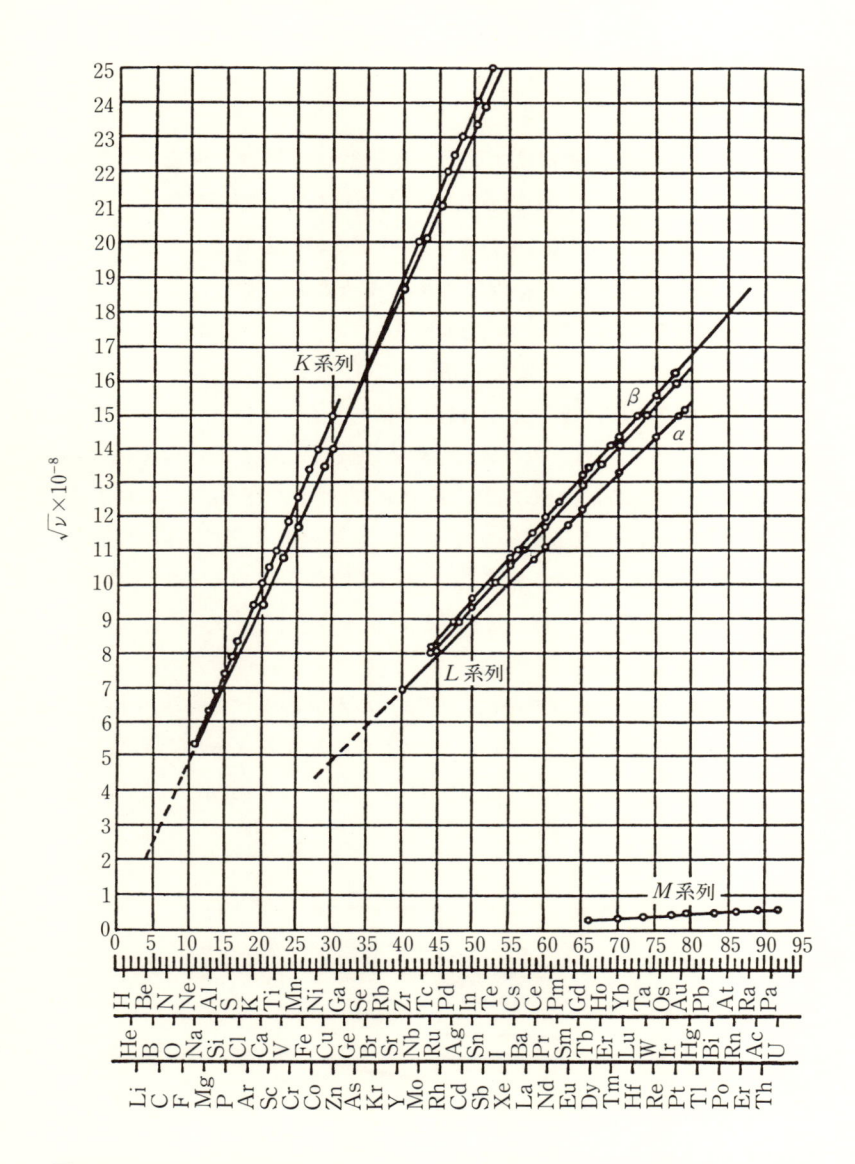

図 2-26 特性 X 線の振動数 ν と原子番号の関係（日本表面科学会編：透過型電子顕微鏡，丸善，p.140 (1999)）．

μm オーダーとなってしまう．特性 X 線が発生する領域の深さ T はキャスティン（Castaing）の式により次のように与えられる．

$$T = 0.033(V_0^{1.7} - V_k^{1.7}) \cdot (A/\rho Z) \quad \mu m \tag{2.25}$$

ここで，V_0 は加速電圧（kV），V_k は特性 X 線の最小励起電圧（kV），A は平均原子量，Z は平均原子番号，ρ は平均密度（g/cm³）である．なお，発生領域の最大径 d（μm）は，照射電子線の径を d_0（μm）とすると，

$$d = d_0 + T \tag{2.26}$$

となる．通常の分析条件では，最大径は 0.5〜5 μm 程度である．試料表面から数 μm の深さから発生した X 線はあまり吸収されずに試料外に放出される．特性 X 線の波長は元素に固有であり，すでに表になっているので照合することにより元素が同定でき，強度から定量ができる．また，試料に照射する電子線は走査することができ，線分析や面分析が可能である．

2.6.2 装　　置

EPMA の目的は顕微鏡で観察された像に対応する元素情報を得ることにある．したがって，EPMA の基本構成は図 2-27 に示すようになる．装置は基本

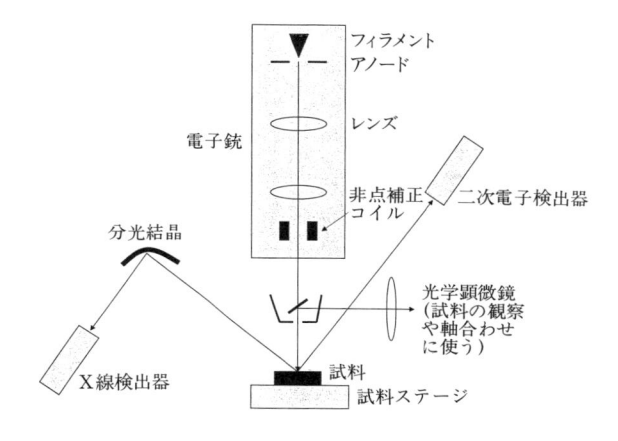

図 2-27 EPMA 装置の基本構成．

的には電子光学系，観察光学系，X線分光器系，試料室系，真空排気系，走査系に分類される．

電子光学系は加速電圧を1～30 keV程度，ビーム電流を10^{-12}～10^{-6}A程度に対して自由に設定でき，またビームは十分小さく絞れることが必要である．観察光学系の役割は分析位置を特定するためと，後述する波長分散型X線光源の焦点に分析位置を設定することである．X線分光器系は2種類ある．一つは波長分散型X線分光器（Wavelength Dispersive X-ray Spectrometer：WDXまたはWDS）でもう一つはエネルギー分散型X線分光器（Energy Dispersive X-ray Spectrometer：EDXまたはEDS）である．

（1） WDX

WDXは，図2-28に示すように，分光結晶によるブラッグの回折条件（$2d\sin\theta = n\lambda$）を利用して，X線のエネルギー（波長）を分光する．EPMAで利用するX線の波長は3.5Å（U）～113Å（Be）の範囲と広いため，面間隔の異なる結晶を組み合わせて一台の分光器としており，分光すべき波長に応じて結晶を自動的に選択するようになっている．分光されたX線は比例計数管により電気信号に変換され計測される．

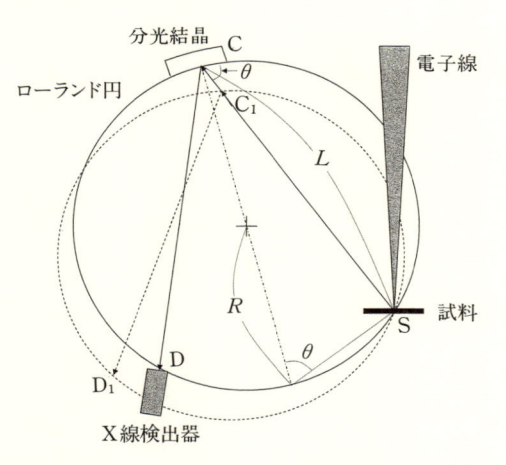

図2-28 波長分散型X線分光器（WDX）の原理．

2.6 電子線プローブマイクロアナリシス

分光結晶に対するX線の入射角と反射角は同一なので，図2-28でX線発生源（分析点）S，分光結晶C，X線検出器Dを同一円周上におけば，分光結晶で反射されたX線はX線検出器に収束する．この円をローランド円という．ただし，分光結晶は発生したX線を有効に集光するために湾曲している必要がある．波長が異なるX線を分析するために，分光結晶は常に一定方向に移動させることができる．図2-28では分光結晶をC_1に移動させ，X線検出器をD_1の位置に移動させたときの場合も示す．X線発生源Sと分光結晶Cまでの距離をLとして，分光結晶に対するX線の入射角と反射角をθとし，ローランド円の半径をRとすると

$$L = 2R \sin \theta \tag{2.27}$$

$2d \sin \theta = n\lambda$ なので

$$L = (R/d)n\lambda \tag{2.28}$$

ローランド円の半径を一定にしておけば，Lを読み取ることで，特性X線の波長を知ることができる．

EPMAでは広範囲の波長を分光しなくてはならない．図2-28で分光結晶が移動できる距離にも限界があるので，実際には面間隔の異なった数種類の結晶が用意されている．分光結晶には，フッ化リチウム，酸性フタル酸タリウムなどが用いられる．

X線検出器にはX線の気体電離作用を利用した計数管が用いられる．計数管に封入する気体は不活性ガスとメタンの混合ガスである．計数管にはガスフロー型比例計数管とガス封入型比例計数管があり，前者はX線の入射窓の膜厚が薄く，軽元素の検出に用いられており，後者はX線の入射窓の膜厚が厚く，重元素の検出に用いられる．

(2) EDX

半導体にX線を入射させ，X線のエネルギーを電気信号として取り出すことにより分光する方法がEDXである．図2-29にリチウムをドープしたシリコンを用いたX線検出素子の模式図を示す．逆バイアスをかけたp-n接合半導体の接合部の空乏層へX線が入射すると，X線のエネルギーを吸収して，

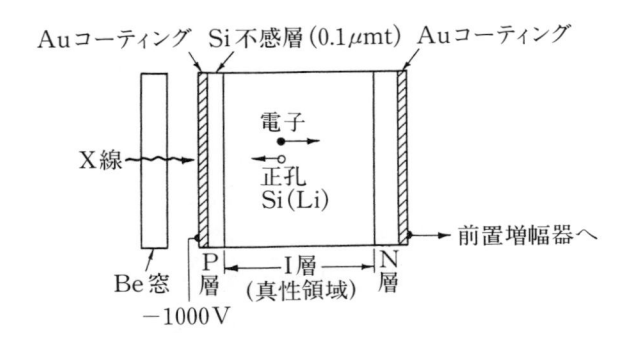

図 2-29 エネルギー分散型 X 線エネルギー分光器（EDX）の原理（日本表面科学会編：透過型電子顕微鏡，丸善，p. 146（1999））．

そのエネルギーに比例した数の正孔-電子の対が発生する．したがって，発生した正孔と電子を集めて，エネルギーに比例した大きさのパルスに変換し，計測すれば，入射線量が測定できる．なお，リチウムを p 型のシリコンに拡散させると，リチウムが n 型不純物のため厚い空乏層ができ，X 線の検出に適した半導体となる．ただし，液体窒素で常時冷却しておかなければならない．

WDX と EDX にはそれぞれ特徴がある．例えば，WDX はエネルギー分解能が優れており，高精度分析が可能である．また，EDX に比べ，概して分析限界濃度が 1 桁優れている．一方，EDX は短時間で分析できる利点がある．また，分析電流が少ないため微小領域の定性分析に優れている．

2.6.3 分析の実際

EPMA の分析機能には点分析，線分析，面分析がある．点分析は測定者が顕微鏡下で興味を抱いたある特定の 1 点に電子ビームを固定し，そこから放射される X 線のスペクトルを測定し，その点の元素情報を得るものである．線分析は顕微鏡視野中を横切る直線に沿って電子ビームを走査し，いくつかの元素の固有 X 線強度の変化を同時記録するもので X 線取り出し口の数（チャネル数）だけの種類の元素を追跡することができる．面分析は顕微鏡視野全面を

電子ビームで走査して電子ビームが照射されたところから発生する構成元素の特性X線強度の変化を同時記録することによって元素マップを映し出すものである．

　定性分析は，分光器を波長で走査してスペクトルを取り，各ピーク位置の波長から存在元素を同定する．現在はコンピュータ処理により全元素を対照した自動判定定性分析も可能である．

　定量分析は，検量線法と，強度比を基に理論補正により求めるZAF法とがある．検量線法は，分析対象となる元素の濃度をあらかじめいくつか変えた試料を作製しておき，この試料を用いて濃度とX線強度との関係を検量線にしておく方法である．この検量線を用いれば同一条件で測定された試料のX線強度から，組成を精度よく求めることができる．一方，ZAF法とはZ：原子番号効果，A：吸収効果，F：蛍光励起効果の効果を理論的に計算して，濃度既知の試料と未知試料のX線強度比から次式により未知試料の濃度（濃度%）を求める方法である．

$$C_{unk}/C_{std} = (I_{unk}/I_{std}) \cdot f(\text{ZAF}) \qquad (2.29)$$

ここで，C_{unk}，I_{unk}は濃度未知試料の濃度とX線強度，C_{std}，I_{std}は濃度既知試料の濃度とX線強度であり，$f(\text{ZAF})$は前述のZ，A，Fによる補正関数である．実際には，特性X線の強度比は重量濃度比に比例することはなく，同一測定条件にもかかわらず，分析試料と標準試料で物理現象が異なり，結果として比例性が保てない．これを補正する係数$f(\text{ZAF})$を掛けて補正する方法がZAF法である．以下に，それぞれのファクターを簡単に説明する．

　原子番号効果(Z)：試料に照射された電子線は加速電圧の他に，試料を構成している元素の種類や濃度によって試料への侵入の深さや反射の度合いが異なる．

　吸収効果(A)：照射電子線により発生した特性X線のすべてが観測にかかるわけではなく，一部は試料に吸収される．この吸収される割合は，試料を構成している元素の種類や濃度によって異なる．

　蛍光励起効果(F)：試料から放出される特性X線には，電子線により励起されたものばかりではなく，試料に含まれる他の元素の特性X線や，連続X線

により励起されたものが含まれる．これらを蛍光励起という．この効果は試料を構成している元素の種類や濃度によって異なる．

上記の効果に関する標準的な式に基づいた ZAF 法は計算ソフトに含まれている．しかし，多くの研究者が様々な補正式を提案しており補正関数の内容は同一ではない．また，ZAF 法による補正に加え，試料の凹凸などによる補正も考慮に入れなければならない場合もある．

最近の EPMA はステージコントローラーとコンピュータシステムの改良により，定量化，面積率，元素の相関など各種処理がなされてカラー表示するようになっている．これにより試料表面や界面の組成分布を視覚的にわかりやすく求めることができる．これが EPMA の大きな特徴である．

2.7　オージェ電子分光法

オージェ電子分光法（Auger Electron Spectroscopy：AES）は，細く絞った電子線を固体表面に照射し，オージェ効果により発生するオージェ電子のエネルギーと強度を測定することにより，固体表面に存在する元素の種類と量を同定する方法である．電子ビームは細く絞ることができるため，表面の局所領域の解析が可能であり，固体表面の組成分析法として広く用いられている．さらに，電子線を走査することにより，線分析や面分析ができるとともに，イオンでスパッタリングすることにより表面から内部に向かっての組成の変化を計測することも可能である．

2.7.1　原　　理

オージェ（Auger）によって発見されたオージェ電子は図 2-30 に示される機構によって真空中に放出される二次電子である．入射プローブとして，電子，光，イオンなどの粒子線が試料に当たった場合，図 2-30 に示すように試料の内殻準位（K 殻）に空準位ができる．ただし，入射プローブとしては，

2.7 オージェ電子分光法

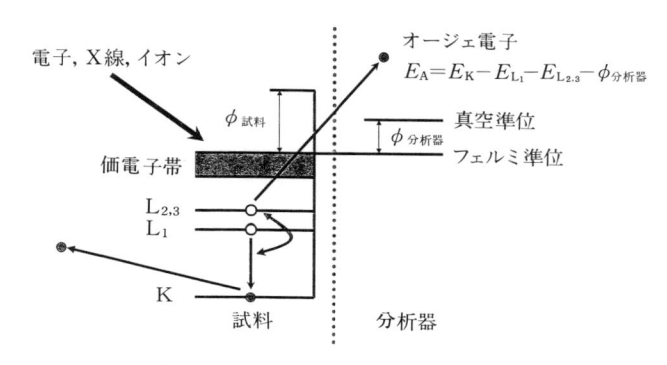

図2-30 オージェ電子の発生原理．

局所分析が容易なことから，通常は電子線が用いられる．そしてこの空準位を埋めようとして，上のレベル（L殻）に存在する電子が落ちる．このレベル間のエネルギーは特性X線として放出されるか，または他のL殻電子に与えられ，その電子がオージェ電子として原子外に放出させるのに使われるかのどちらかになる．すなわち，原子のある内殻準位に空孔が生じたとき，特性X線およびオージェ電子放出が起こる確率をそれぞれ ω_X，ω_A とすれば $\omega_X + \omega_A = 1$ となる．このオージェ電子が放出される過程をKLLオージェ遷移，放出された電子をKLLオージェ電子という．このときのオージェ電子のエネルギー E_A は簡単には次式のように書ける．ただし，エネルギーは準位の深い方向に向かって測るとする．

$$E_A = E_K - E_{L_1} - E_{L_{2,3}} - \phi \tag{2.30}$$

ここで，ϕ はエネルギー分析器の仕事関数である．試料とエネルギー分析器は導通を取り，同一のフェルミ準位にしておく．試料から発生したオージェ電子はエネルギー分析器内でエネルギーが測定されるので，エネルギー分析器の仕事関数が基準となる．オージェ遷移にはこのほかにLMM，MNNなどの遷移がある．

　上式に含まれる結合エネルギーの値は元素によって決まった値であるため，オージェ電子のエネルギーも元素固有の値となる．したがって，試料から放出されるオージェ電子のエネルギー値を測定することにより，試料の構成元素を

同定することができる．ただし，オージェ電子の発生には内殻準位間の遷移を利用するため，HとHeからはオージェ電子が発生せず分析することはできない．

　ここで，アルミニウムのKLLオージェピークが実際に上式で計算できるかを検証してみる．アルミニウムのK殻電子の束縛エネルギーはフェルミ基準から計って1560 eVである．一方，L殻はL_1（118 eV；電子2個），$L_{2,3}$（74 eV；電子6個）に分かれている．したがって，観測可能な$KL_1L_{2,3}$と$KL_{2,3}L_{2,3}$による遷移のオージェピークエネルギーは，エネルギー分析器の仕事関数を無視すると

$$KL_1L_{2,3} = 1560 - 118 - 74 = 1368 \text{ eV} \tag{2.31}$$

$$KL_{2,3}L_{2,3} = 1560 - 74 - 74 = 1412 \text{ eV} \tag{2.32}$$

となる．実際に測定されているアルミニウムのKLLピークは1341 eVと1388 eVであり，仕事関数の省略を考慮しても大きく異なっている．この違いは，電子が放出された後に生ずる空孔同士の相互作用や原子内の緩和エネルギーおよび原子間同士の緩和エネルギーを考慮していないためである．そこで，(2.30)式に変えて，

$$\begin{aligned} E_A(Z) = E_K &- \frac{1}{2} \times \{E_{L_1}(Z) + E_{L_1}(Z+1)\} \\ &- \frac{1}{2} \times \{E_{L_{2,3}}(Z) + E_{L_{2,3}}(Z+1)\} \end{aligned} \tag{2.33}$$

を用いることで，内殻に空孔ができたときに伴うエネルギー準位の変化を考慮に入れたエネルギー値の推定が可能になることが指摘されている．ここに，

表 2-3　Al，SiのK，L殻電子の束縛エネルギー．

殻	束縛エネルギー (eV)	
	アルミニウム $Z=13$	シリコン $Z=14$
K	1560	1839
L_1	118	149
L_2	74	100

（日本表面科学会編：オージェ電子分光法，丸善，p.32 (2001)）

2.7 オージェ電子分光法

$E_{L_1}(Z)$ と $E_{L_1}(Z+1)$ は，それぞれ原子番号 Z の原子と，原子番号がそれより一つ大きい $Z+1$ の原子の束縛エネルギーを意味する．表 2-3 に，Al（原子番号 13）と Si（原子番号 14）の束縛エネルギーを示す．表 2-3 の値を用いて，アルミニウムの KLL オージェピークの値を計算すると

$$KL_1L_{2,3}=1560-(118+149)/2-(74+100)/2=1339.5 \text{ eV} \quad (2.34)$$

$$KL_{2,3}L_{2,3}=1560-(74+100)/2-(74+100)/2=1386 \text{ eV} \quad (2.35)$$

となり，よい一致を示す．

多くの物質のオージェピーク位置はすでに測定されてハンドブックになっているので実際に計算で求めることはまず必要ないが，化学結合状態によるピーク位置のシフトなどを考察するときには化学結合による相互作用などを考慮する必要がある．

オージェ電子の遷移確率 ω_A は原子番号 Z の関数として表され，K 殻に空孔が生じた場合の遷移については，半実験的にバーホップ（Burhop）の式により表される．

$$\{(1-\omega_A)/\omega_A\}=(-a+bZ-cZ^3)^4 \quad (2.36)$$

ここで，$a=6.4\times10^{-2}$，$b=3.4\times10^{-2}$，$c=1.03\times10^{-6}$ である．同様に L 殻，M 殻に空孔が生じた場合も計算することができ，これらをまとめると図 2-31 のようになる．原子番号が増加すると，ある準位でのオージェ遷移確率が下が

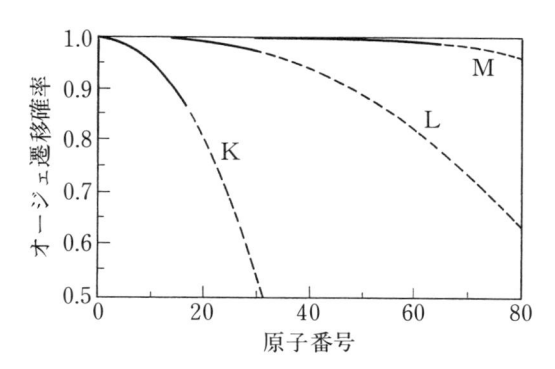

図 2-31 オージェ遷移確率の原子番号依存性（吉原一紘，吉武道子：表面分析入門，裳華房，p. 19（1997））．

ってくる．しかし，同時に高い遷移確率を持つ次の準位でのオージェ電子が出現し，その結果，AES で利用される 0～2000 eV 程度のエネルギー範囲のオージェ遷移確率は全元素にわたって常に $\omega_A > 0.9$ 以上となっている．図 2-31 の実線部分が 0～2000 eV のエネルギー範囲に対応する．

（1） 電子の脱出過程

　AES や 3 章で述べる XPS などの電子分光法は固体の中で発生した電子（遊離した電子をこう呼ぶことにする）が，固体表面から真空中に放出されるときに，その電子のエネルギーと数を数えることにより，固体表面の情報を得るものである．しかし，固体内で電子が移動するときには移動経路にある原子の電子や表面に存在する非局在化した電子と相互作用する．相互作用の仕方には，電子の進行方向を変えるだけの弾性散乱と，エネルギーのやりとりをして進行方向も変わる非弾性散乱とがある．固体内で発生した電子が固体表面に出てくるまでにはこのような散乱過程を経るが，これらの中でエネルギーを失わずに表面から脱出し検出されるものがピークとして認識され，そのほかの電子はバックグラウンドを構成する．したがって，電子が固体内でエネルギーを失わずにどれくらいの距離を移動することができるかは，表面分析の場合に非常に重要な計測量となる．この様子を図 2-32 に模式的に表した．

　非弾性散乱の場合，電子は周囲の電子を励起することによりその運動エネルギーを失うが，一回の散乱あたり，どの程度のエネルギーをどの程度の頻度で

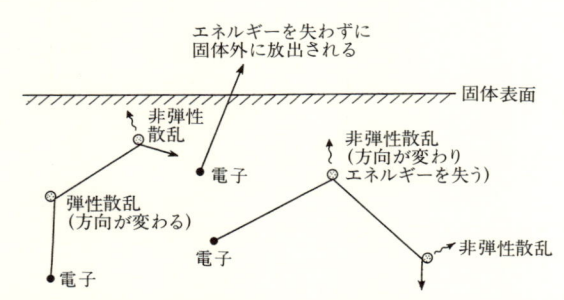

図 2-32　固体内での電子の移動（吉原一紘，吉武道子：表面分析入門，裳華房，p. 10（1997））．

失うかは，周りの電子がどのような励起を受けやすいかで決定される．図2-33にAl箔の表面に電子線を当てたときに，表面から反射された電子のエネルギー損失スペクトルを示す．入射電子のエネルギーは2030 eVである．図2-33には12個のピークが観測されているが，これらのピークはピーク値が10.3 eVと15.3 eVの損失を一組とした6組からなっている．電子が受ける最も大きな非弾性散乱は，プラズモン励起である．プラズモン励起とは，固体中をエネルギーの高い電子が移動する際，その電荷を遮蔽するために固体中にある非局在化された電子が集団で動き，その結果として固有振動することに相当する素励起のことである．プラズモン励起に伴う損失エネルギー（$E_p = h\omega_p/2\pi$：ω_pは固有振動数，hはプランク定数）は，自由電子気体に対しては次の式で見積もることができる．

$$\omega_p^2 = 4\pi n e^2/m \tag{2.37}$$

ここで，nは電子の密度，mは電子の質量，eは電荷である．Alの場合の計算値は，$h\omega_p/2\pi = 15.8$ eVとなる．すなわち，観測された15.3 eVのピークはプラズモン励起によるものと推定される．一方，10.3 eVのピークは固体の

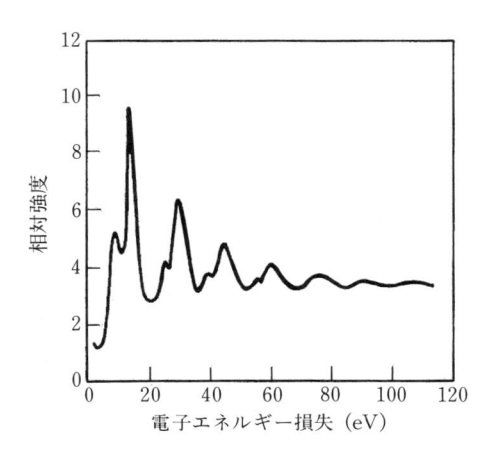

図2-33 Al箔の表面に電子線を当てたときに，表面から反射された電子のエネルギー損失スペクトル（キッテル：新版固体物理学入門(上)，丸善，p. 221 (1968)）．

表面層で発生する表面プラズモン励起に起因する．固体表面におけるプラズモンの振動数 ω_s は固体内のプラズモン振動数 ω_p と以下の関係がある．

$$\omega_s = \omega_p / \sqrt{1+\varepsilon} \tag{2.38}$$

ここで，ε は表面が接している媒体の誘電率で，真空の場合は 1 である．したがって，Al の場合の表面プラズモン励起によるエネルギー損失の計算値は $15.8/\sqrt{2} = 11.2\,\mathrm{eV}$ となる．すなわち，観測された $10.3\,\mathrm{eV}$ のピークは表面プラズモンによるものと推定される．

発生した電子がこのように周りの電子を励起してその分運動エネルギーを失うと，発生した電子のエネルギーのピークから失ったエネルギー分だけ低い運動エネルギーのところにエネルギーを持つ電子が出現する．プラズモン励起による運動エネルギーの損失は，(2.37)式で決定される周波数の整数倍の大きさに対応した損失が生じ，図 2-33 に示されるスペクトルが得られる．このプラズモン励起によるピーク以外に，内殻の軌道から電子を放出させるために失われたエネルギーに対応したピークも出現する．

1 個の電子が固体内を移動するときに非弾性散乱が 2～3 回連続して起こることがあり，電子のエネルギー分布を観測すると，元の電子のエネルギーよりも低い運動エネルギー側に様々なエネルギーを持つ電子が現れ，幅広い分布となって観測される．これを通常，非弾性散乱によるバックグラウンドと呼んでいる．

一度も非弾性散乱を受けずに，真空中に放出された電子のエネルギー分布は明瞭なピークとなって現れ，そのピークのエネルギーと強度を測定することにより，表面の組成分析ができる．電子分光で取り扱われる電子のエネルギーはおよそ 20～2500 eV 程度であるが，この程度のエネルギーを持つ電子が固体内で一度も非弾性散乱を受けずに外部に放出される移動距離はおよそ 0.3～5 nm ほどである．すなわち，表面から 0.3～5 nm のところで発生した電子のみが明確な情報を持つ．これが電子分光法で表面分析ができる理由である．

（2） 電子の固体内での移動距離

電子が固体内で散乱を受けずに進む距離の表し方にはいくつかの定義があ

2.7 オージェ電子分光法

る．実験的に求められる値は減衰長さ（Attenuation Length：A_L）と呼ばれる．基板上に物質を蒸着し，基板からエネルギーを失わないで放出される電子の信号強度を蒸着した厚さに対してプロットし，その信号強度が物質を蒸着する前の強度の $1/e$ になる厚さを求めれば，この値が基板上に蒸着した物質の検出した信号のエネルギーの電子に対応した減衰長さになる．この減衰長さに検出器の方向（θ：試料表面に垂直な方向と検出器の間の角度）[*6] を考慮したものが脱出深さ（Escape Depth：E_D）で，A_L と E_D の間には $E_D = A_L \cos\theta$ の関係（図 3-18 を参照）が成立する．

シーア-デンチ（Seah-Dench）は 350 以上の実験データをもとに，電子の減衰長さ A_L に関するデータを整理し，次式のような一般式を導いている．

元素に対して： $A_L = 538aE^{-2} + 0.41a^{3/2}E^{1/2}$ （nm） (2.39)

化合物に対して： $A_L = 2170aE^{-2} + 0.72a^{3/2}E^{1/2}$ （nm） (2.40)

ここで，a は単原子層の厚さで，

$$a^3 = 10^{21}A/\rho n N_a \quad \text{(nm)} \tag{2.41}$$

で与えられる．A は原子量または分子量，ρ は密度（g/cm³），N_a はアボガドロ数，n は分子中の原子の数である．なお，化合物の場合の A の値は平均原子量または分子量で，例えば Al_2O_3 の場合には，Al の原子量の 2 倍と O の原子量の 3 倍を加算して 5 で除算することにより求める．図 2-34 に元素に対するシーア-デンチの一般式を図示する．AES で測定される電子の場合には減衰長さは 1〜10 原子層の範囲であり，50〜100 eV にその最小値がある．

一方，一度非弾性散乱を受けて次に非弾性散乱を受けるまでに電子が進む平均的距離を非弾性平均自由行程（Inelastic Mean Free Path：IMFP）と呼ぶ．この値に関しては理論計算を基にした予測式がある．

田沼-ペン-パウエル（Tanuma-Pen-Powell）は実験的に求められた光学データを用いてそれらの物質のエネルギー損失関数を決定し，これにより次式のように非弾性平均自由行程 λ_i を求めた．

[*6] 電子分光法では，入射角や検出角は，試料表面に垂直な方向から測定することが慣習であり，電子線回折法とは角度の取り方が異なっている．

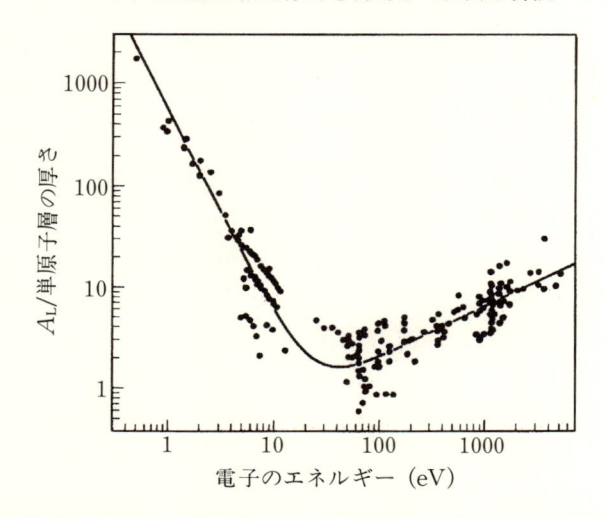

図 2-34 純元素からなる物質中の電子の減衰長さ (A_L) のエネルギー依存性. ●は実験値(志水隆一,吉原一紘編:実用オージェ電子分光法,共立出版, p.28 (1989)).

$$\lambda_i = \frac{E}{E_{pl}^2[\beta \ln(\gamma E) - C/E + D/E^2]} \quad (\text{Å}) \quad (2.42)$$

ここで,E_{pl} はプラズモンエネルギー(eV)であり,β,γ,C,D はバンドギャップエネルギーや密度に関連した物質に固有な定数であり,以下のように定められている.

$$\beta = -0.10 + \frac{0.944}{(E_{pl}^2 + E_{gp}^2)^{1/2}} + 0.069\rho^{0.1} \quad (2.43)$$

$$\gamma = 0.191\rho^{-0.50} \quad (2.44)$$

$$C = 1.97 - 0.91U \quad (2.45)$$

$$D = 53.4 - 20.8U \quad (2.46)$$

$$U = \frac{N_v \rho}{A_w} = \frac{E_{pl}^2}{829.4} \quad (2.47)$$

ここで,E_{gp} はバンドギャップエネルギー(eV),ρ は密度 (g/cm^3),N_v は1原子または分子あたりの価電子数,A_w は原子量である.なお,この式は50

eV から 2000 eV までの電子のエネルギーに対して提案された式であるが，10000 eV までは問題なく使用できる．

　非弾性平均自由行程の値は，発生した電子の運動エネルギーと周りにある物質の種類に依存している．発生した電子の運動エネルギーが高いと，周辺の電子との相互作用が少なく，エネルギー損失は起こりにくいので非弾性平均自由行程は大きくなる．また，発生した電子の運動エネルギーが数 eV 程度と小さいと，周辺の電子を励起する確率が小さいため，非弾性平均自由行程は大きくなる．

(3) 非弾性平均自由行程と減衰長さの関係

　ここで，電子の固体中での動きを示すパラメータとして，実験的に求められる減衰長さと，理論的に定義される非弾性平均自由行程との関係を考えてみる．いま特定の粒子が距離 L を移動する際に N 回の衝突を受けるとすると，一回の衝突間で移動する平均自由行程 λ は

$$\lambda = L/N \tag{2.48}$$

したがって，短い距離 dz を移動する間に衝突する回数は dz/λ となる．

　ここで，一つの粒子が全く衝突しないで進む確率を求めてみる．粒子の全個数を N_0，ある地点（$z=0$）から距離 z 進んだときに衝突しなかった粒子数を $N(z)$ とすると，距離が $z+dz$ になると，dz の間に衝突する数だけ $N(z)$ は少なくなる．したがって，

$$N(z+dz) = N(z) - N(z)\frac{dz}{\lambda} \tag{2.49}$$

一方，(2.49)式の左辺をテイラー展開して一次の項まで取ると，

$$N(z+dz) = N(z) + \frac{dN(z)}{dz}dz \tag{2.50}$$

したがって，

$$\frac{dN(z)}{dz} = \frac{-N(z)}{\lambda} \tag{2.51}$$

(2.51)式の解は

$$\ln(N(z)) = -z/\lambda + C \tag{2.52}$$

$$N(z) = C\exp(-z/\lambda) \tag{2.53}$$

となる．C は距離 $z=0$ における粒子の総数であるから，$C=N_0$ である．したがって，最初の粒子が全く衝突しないで距離 z 進む確率 $P(z)$ は

$$P(z) = \frac{1}{N_0}N_0\exp(-z/\lambda) = \exp(-z/\lambda) \tag{2.54}$$

これより，距離 λ まで衝突しない確率は $1/e$ であることがわかる．すなわち，強度が $1/e$ までになる距離を測ればそれが λ となる．この距離は実験的に定義される減衰長さである．電子が衝突したときには，必ず非弾性散乱をすると仮定すると，λ は非弾性平均自由行程となる．すなわち，非弾性平均自由行程はもし弾性散乱を考慮に入れなければ減衰長さと同じになる．

一方，弾性散乱を考慮すると減衰長さは非弾性平均自由行程より小さくなる．これを考えるためには衝突断面積という考えを導入するとわかりやすい．平均自由行程はその周りにどれだけ散乱体があるかに依存し，同時にその散乱に寄与する大きさ（衝突断面積）にもよる．ここで，単位体積中に N_0 個の散乱体がある中を，粒子が距離 dx を進む場合を考える．この粒子の進行方向に単位面積を取ると散乱体の数は $N_0 dx$ である．個々の散乱体が有効な大きさ（衝突断面積）σ_c を持つとすると，散乱体によって覆われる面積は $\sigma_c N_0 dx$ で

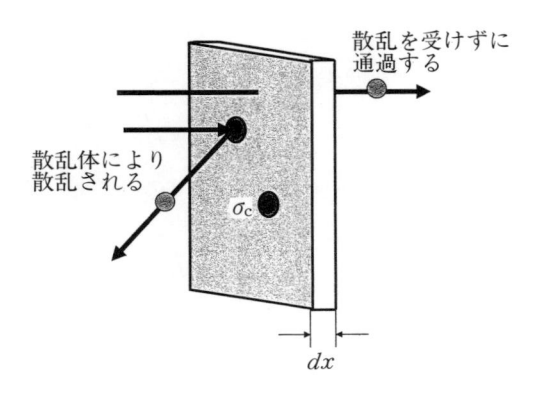

図 2-35 面積 σ_c の散乱体が存在したときに，粒子が散乱されずに通過できるのは散乱体で覆われていない部分である．

ある．図2-35に模式的に散乱体によって粒子が散乱される挙動を示す．したがって，問題の粒子が衝突する確率は全体の面積の中で散乱体が占める面積に比例する．全体の面積を1（単位面積）とすると，距離dxの間で散乱される確率Pは

$$P = \sigma_c N_0 dx \tag{2.55}$$

で表せる．一方，散乱される確率は衝突回数と同じであるから，平均自由行程を用いると，

$$P = dx/\lambda \tag{2.56}$$

となる．したがって，

$$1/\lambda = \sigma_c N_0 \tag{2.57}$$

この式は平均自由行程の逆数は散乱衝突断面積に比例していることを示している．したがって，全衝突断面積σ_{tot}は非弾性散乱衝突断面積σ_i，弾性散乱衝突断面積σ_{el}を用いると

$$\sigma_{tot} = \sigma_i + \sigma_{el} \tag{2.58}$$

ここで，(2.57)式から，全衝突断面積は減衰長さA_Lに逆比例し，非弾性散乱衝突断面積は非弾性平均自由行程λ_iに逆比例し，弾性散乱衝突断面積は弾性平均自由行程λ_{el}に逆比例するので

$$1/A_L = 1/\lambda_i + 1/\lambda_{el} \tag{2.59}$$

この式から$A_L \leq \lambda_i$となり，実験的に求められる減衰長さは弾性散乱の効果を入れている分だけ理論的に求められる非弾性平均自由行程よりも小さいことがわかる．

2.7.2 装　　置

固体表面に，電子，光，イオンを照射すると，オージェ効果によりオージェ電子が放出される．しかし，通常の市販の装置は，電子線をプローブとして使用している．電子線はレンズ系を使ってビーム径を絞ることができ，局所的な情報を得ることが可能なためである．最近ではビーム径10 nmのものも市販されている．これを利点として，微小な領域のポイント（点）分析用として用い

たり，電子線を走査して，点分析の集合として試料の組成分布マップを描くこともできたりする走査オージェ電子顕微鏡（Scanning Auger Microprobe Analysis：SAM）が装置としては主流となっている．

分析装置には，固体表面に電子線を照射するための電子銃，試料を固定し所定の位置に移動できる試料ステージ，試料の表面をクリーニングしたり深さ方向分析をしたりするためのイオン銃，試料から放出された二次電子のエネルギーを分光するためのエネルギー分析器，エネルギー分析器の出力信号を増幅し計測する検出器（電子増倍管）が超高真空装置に組み込まれている．典型的なオージェ電子分光装置の模式図を図2-36に示す．

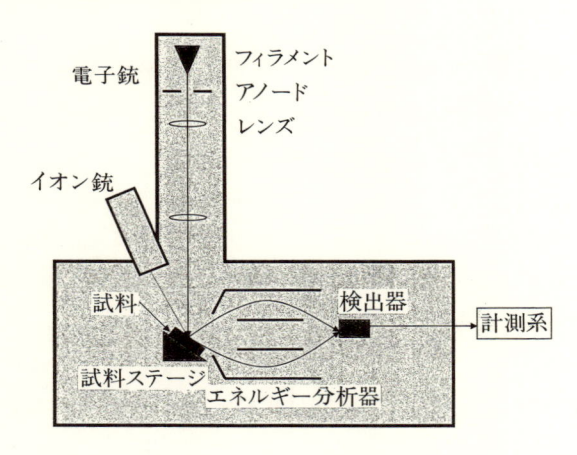

図 2-36 AES装置の模式図．

2.7.3 電子のエネルギー分布の測定方法

電子のエネルギー分布の測定法には，いろいろな方法があるが，通常は電場で電子の軌道を曲げる方法が用いられている．市販のエネルギー分析器の場合には明るさなどを考えて，エネルギー分解能は0.3%程度になるようにしてある．

エネルギー分析器の焦点に捕集された電子は電子増倍管（チャネルトロン）

2.7 オージェ電子分光法

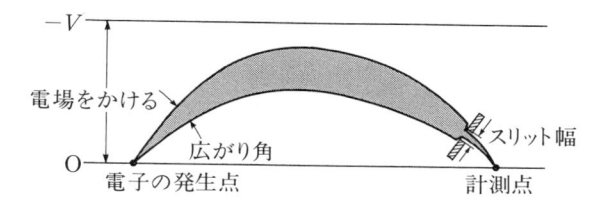

図 2-37 電子エネルギー分析器の原理（吉原一紘，吉武道子：表面分析入門，裳華房，p.61（1997））．

により増幅され計測される．しかし，電子増倍管の増幅効率は入射する電子のエネルギーにより異なり，また，経年変化もあるため，ときどき校正することが必要である．

エネルギー分析器の役割は電子の軌跡を電場により曲げて，所定のエネルギーを持つ電子だけを通過させることである．エネルギー分析器特性を定義づけるものとしては，図 2-37 に示すように，広がり角とスリット幅がある．広がり角が大きいと入射する電子の数は増加するが方位分解能は劣化する．またスリット幅が小さくなれば，エネルギー分解能（ΔE）は向上しシャープなスペクトルが得られるが，観測される電子数は減少し感度は落ちる．したがって，実際には現実的な妥協点でスリット幅が決まる．

（1） 簡単な電子の軌道計算

図 2-38 に示されるように距離 d だけ離れた無限に広い 2 枚の平行板に電圧 V をかける．点 A からエネルギー E（電圧の単位では V_m）の電子が角度 θ の方向に打ち込まれたとする．打ち込まれた電子は電場により曲げられて距離 L だけ離れた点 B に到達する．すなわち，点 B に計測器を置けばエネルギー E に対応した電子の数を数えることができる．ここで，電子のエネルギー eV_m のときの電場 V と距離 L の関係を求めてみる．

電子の電荷を e，質量を m，速度を v_0 とすると

$$E = \frac{m}{2}v_0^2 = eV_\mathrm{m} \tag{2.60}$$

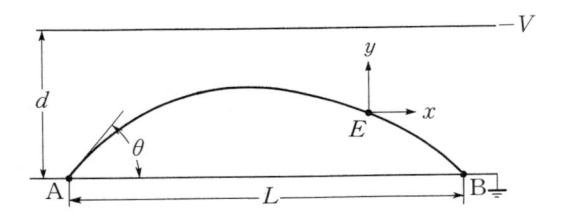

図 2-38 無限に広い 2 枚の平行板電極の中での電子の軌跡（吉原一紘，吉武道子：表面分析入門，裳華房，p. 61 (1997)）

電場の大きさは V/d であるから電子にかかる力は $e(V/d)$ となる．時間 t の間の電子の垂直方向の移動距離を y，水平方向の移動距離を x とすると

$$e\frac{V}{d} = m\frac{d^2y}{dt^2} \tag{2.61}$$

電子の水平方向の速度は $v_0 \cos\theta$，垂直方向の初速度は $v_0 \sin\theta$ であるから

$$x = (v_0 \cos\theta) \cdot t \tag{2.62}$$

$$\begin{aligned}
y &= (v_0 \sin\theta) \cdot t - \frac{eV}{2md}t^2 \\
&= x\tan\theta - \frac{eV}{2md}\frac{x^2}{v_0^2 \cos^2\theta} \\
&= x\tan\theta - \frac{V}{4V_m d}\frac{x^2}{\cos^2\theta}
\end{aligned} \tag{2.63}$$

$y=0$ になる x が L であるから，上式より

$$L = \frac{4V_m d}{V}\sin\theta\cos\theta = \frac{2V_m d}{V}\sin 2\theta \tag{2.64}$$

V と V_m の関係が一定ならば，常に同じ点 B に電子は集まる．したがって，平行板にかける電圧を走査することにより，それに対応するエネルギーの電子が点 B に集まることになり，点 B に計数器を置けば電子のエネルギーを分光することができる．しかし，実際にはスリットの幅があり，点 A からの入射角 θ には幅がある．したがって θ が少し異なっても点 B の位置，すなわち，L の距離がそれほど変化しないような入射角で電子が打ち込まれることが望ましい．その角度は L の θ に関する微分係数が 0 になる角度である．

2.7 オージェ電子分光法

$$\frac{\partial L}{\partial \theta} = \frac{4V_m d}{V} \cos 2\theta = 0 \quad (2.65)$$

$\theta = 45°$ のときに上式が満たされる．すなわち，電子の入射角が $45°$ ならば入射角に少し幅があっても L の距離はそれほど変わらない．この条件を一次の収束条件という．

(2) 実際のエネルギー分析器

通常使用されている電子のエネルギーを分析するエネルギー分析器には CMA (Cylindrical Mirror Analyzer：同心円筒鏡型) と CHA (Concentric Hemispherical Analyzer：同心半球型) の2種類がある．

(a) CMA型分析器

CMA の簡単な模式図を図 2-39 に示す．二つの円筒 (内円筒径：r_1，外円筒径：r_2) が等軸に配置されている．内円筒はアースされており，外円筒には $-V_m$ がかかっている．エネルギー E_k，入射角 α で入射してくる電子の軌道が A, B 点を結ぶ曲線で示すものとなるためには E_k と V_m の間に，e を電子の電荷とすると，次の関係がある．

$$(E_k/eV_m) = [K/\ln(r_2/r_1)] \quad (2.66)$$

ただし，$\alpha = 42°18.5'$ のとき $K = 1.31$ である．図 2-39 に示す入射角 (α) を $42°18.5'$ に取ると，分析器に中心軸上で角 $\Delta\alpha$ (通常 $6°$) の広がりをもって入ってくる電子を軸上に置いた検出器の上に再び効率よく収束させることができ，

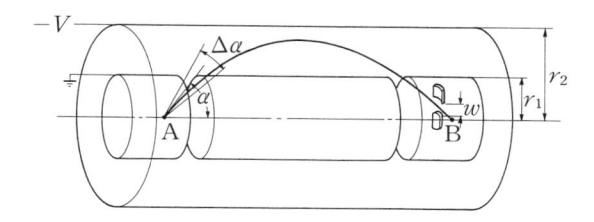

図 2-39 CMA 型分析器の模式図 (吉原一紘, 吉武道子：表面分析入門, 裳華房, p.64 (1997))．

多くの電子を分解能よく検出できる．また，電子が軸上でほぼ1点に収束するので，検出器として二次電子増倍管の使用が容易となり非常に高感度で測定でき，早い時定数での測定も可能となる．分解能を半値幅 ΔE で定義すると，次式のようになる．

$$\Delta E/E_k = 0.18w/r_1 + 1.39(\Delta a)^3 \quad (2.67)$$

ここで，r_1 は内円筒半径，w はスリット幅，Δa は開き角である．分解能が悪いと電子のエネルギーの分光が不完全なまま，多くの電子が検出系に入るため，明るくなる．一方，分解能を上げると，電子が検出器に入りにくくなるため暗くなる．市販の CMA の場合には明るさなどを考えて，エネルギー分解能は 0.3％程度になるようにしてある．

(b) CHA 型分析器

CHA の簡単な模式図を図 2-40 に示す．半径の異なる半球を2個重ね合わせた形をしている．内側半球の半径を R_1，外側半球の半径を R_2 とし，これらが同心に配置されている．これら二つの球の間に電位差 ΔV をかけると入射スリットより入射した電子は電場によって曲げられ出射スリットより出射される．電子の入射スリットと出射スリットを内側半球と外側半球のちょうど中間におくと，電子の軌道半径 R_0 は $R_0 = (R_1 + R_2)/2$ となる．このとき，エネ

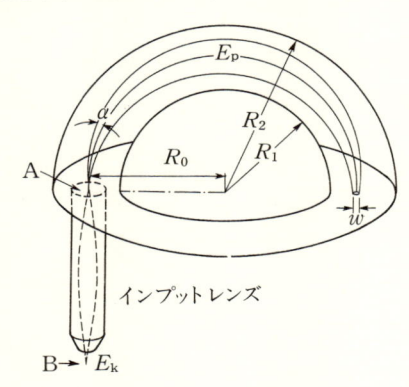

図 2-40 CHA 型分析器の模式図（吉原一紘，吉武道子：表面分析入門，裳華房，p.65 (1997)）．

ギー分析器の分解能は通過する電子のエネルギーを E_p とすると次式で与えられる．

$$\Delta E/E_p = w/2R_0 + a^2/4 \tag{2.68}$$

ここで，R_0：エネルギー分析器の半径，w：スリット幅，a：開き角である．(2.68)式からわかるように，分解能を上げるためにはエネルギー分析器の半径を大きくすればよいことがわかる．

実際には，試料からの電子の発生点を図 2-40 の点 A に置くことはできない．これは線源やイオン銃を点 A の周りに配置することは空間の制約上できないからである．したがって，図 2-40 に示すように，入射スリットの前にレンズ（インプットレンズと呼ばれる）を置いて，点 B からの情報を点 A に映すことにより線源やイオン銃が配置できるようになっている．

CHA で電子のエネルギーを分析する場合には，種々の運動エネルギーを持つ電子を最初にリターディングレンズで，一定のエネルギー（パスエネルギー（E_p））に減速したあと，エネルギー分析を行う．エネルギー分析器のエネルギー分解能はエネルギー分析器内を通過する電子のエネルギーに比例するため，パスエネルギーを小さくすると高い分解能でスペクトルが測定できるからである．したがって，電子の運動エネルギー（E_k）は CHA に入る前にインプットレンズにより E_p まで減速される．ここで，E_k/E_p を減速比（retarding ratio）と呼ぶ．すなわち，CHA 型分析器で分析する場合は，減速比を変えることにより，エネルギー分析をすることになる．この場合，取り込み立体角は E_k が大きくなると小さくなる．このモードを FAT（Fixed Analyzer Transmission）モード，または CAT（Constant Analyzer Transmission）モードという．一方，減速比を一定にして測定するときには，CRR（Constant Retarding Ratio）モードと呼ばれ，オージェ電子分光をするときに通常使われる．なお，CMA 型分析器は電子の運動エネルギーを減速せずに分析するので，CRR モードで減速比は 1 である．

（3） 電子信号検出器

エネルギー分析した電子の数を係数するための検出器は二次電子放出を利用

した電子増倍管であり，真空中に設置し，入射した電子を 10^4〜10^7 倍程度に増幅して，電流出力またはパルス出力させる．増幅率は電子増倍管にかける電圧によって可変できる．

電子分光装置によく使われる電子増倍管はチャネルトロンなどと呼ばれている連続型であり，ガラスパイプの内壁に絶縁性の高い二次電子放出特性を持った膜を形成させたものである．入口に入射した電子はその壁面に衝突し何個かの二次電子を発生させ，次にそれぞれの二次電子がさらに何個かの二次電子を発生させるというようにねずみ算式に電子が増えるようになっている．また，内壁に高抵抗の半導体膜を形成した非常に細い（数十μm）パイプを束ねて直径数 cm の円筒を作り，切断して円板状にしたものがチャネルプレートである．それぞれのパイプがチャネルトロンと同様に，細管内に入射した電子がその内壁に衝突することにより二次電子放出を連続的に行う．チャネルトロンの特徴は二次元情報を増幅することができるということにある．

電子信号は電子増倍管に入射して増幅された電子のパルス列を順次カウントするパルスカウント法で記録される．図 2-41 (a) に電子増倍管の出力パルス列，および，図 2-41 (b) に，そのパルス波高分布を模式的に示す．この方法で正確な電子数が計測できるためには，① 信号パルスは雑音パルスよりもピーク値（波高値）が高く，両者の弁別に「しきい値」設定が容易であること，

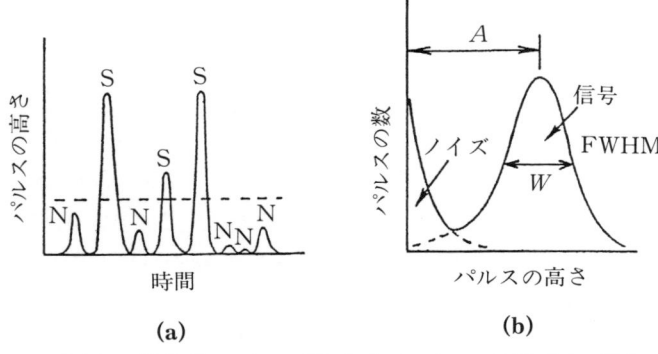

図 2-41 デジタル検出用のパルス列（a）とパルス波高分布（b）に関する模式図（一村信吾：第 29 回表面科学基礎講座，日本表面科学会，p. 12 (2000)）．

② 相次いで電子増倍管に入った二つの電子が，おのおの十分な電荷増幅を受け，信号パルスとして識別できることが必要となる．

波高弁別の容易さは図2-41(b)に示すように，パルス波高幅（半値幅：FWHM）を W，ピーク高さを A として，両者の比（$D=W/A$）で見積もることができる．一般には電子増倍管の増幅利得が大きいほど D の値が小さく（ピークが鋭く）なる．パルスカウント用の電子増倍管では，最適な条件下で $D=20\%$ 程度である．

相次いで入射する二つの信号の分離がどこまで可能かは，二次電子の放出によって正に帯電した電子増倍管の内壁が，電流の補給を受けて元の電位に回復するまでの時間で推定できる．回復時間は電子増倍管の抵抗値が $100 \text{ M}\Omega$ のとき，10^{-4} 秒程度である．これは 10^4 カウント/秒（cps）程度の入射頻度から増幅率の低下が始まることを意味している．

正確なパルス計数では，パルス検出器の不感時間（T）に由来する数え落としも考慮しなければならない．検出器に入射するパルスの数が平均として α cps（カウント/秒）のとき，一つのパルスが入射した後の T 秒間にパルスが入らない（すなわち数え落とししない）確率 p は

$$p = \exp(-\alpha T) \tag{2.69}$$

で与えられる．したがって，数え落とす確率（計数誤差）を x とすると

$$1 - x = \exp(-\alpha T) \tag{2.70}$$

これから，仮に 400 ns の不感時間のパルス検出器で計数誤差を 1% 以内で測定をするときには，パルスの量を 2.5×10^4 cps 以下に押さえる必要があることが推定できる．

2.7.4 オージェスペクトル

図 2-42 に電子ビームを当てた場合の試料から出る電子のエネルギー分布曲線（スペクトル）を示す．スペクトルは入射電子がエネルギーを失わずに固体表面で散乱された弾性散乱ピーク，プラズモン振動を励起してエネルギーを失ったプラズモン損失ピーク，固体の構成原子核の電子を励起してエネルギーを

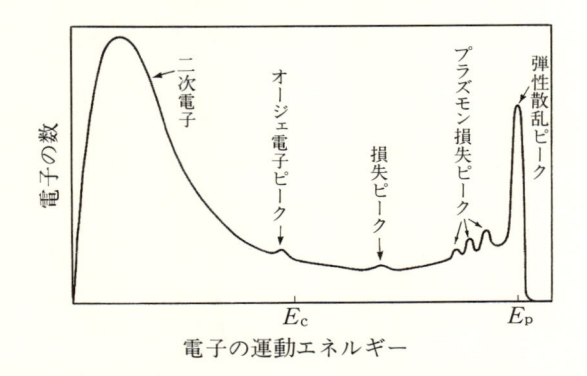

図 2-42 電子線を固体に照射したときに放出される電子のエネルギー分布曲線（E_p：一次電子線のエネルギー，E_c：オージェ電子の励起エネルギー）（吉原一紘，吉武道子：表面分析入門，裳華房，p. 19（1997））．

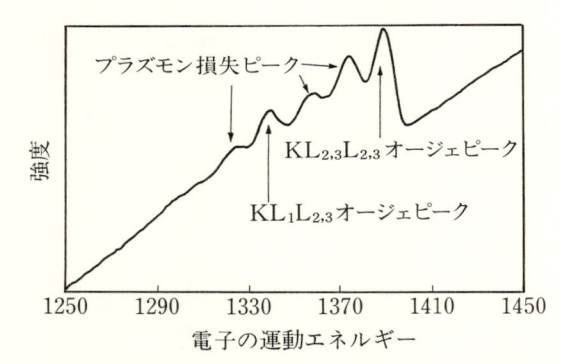

図 2-43 アルミニウムの KLL オージェピークとプラズモン損失ピーク（吉原一紘，吉武道子：表面分析入門，裳華房，p. 24（1997））．

失った損失ピーク，オージェ電子ピーク，および固体内で複数回非弾性散乱してエネルギーを失った二次電子からなる幅広いピーク（これをバックグラウンドという）からなっている．なお，プラズモン損失ピークには入射電子によるピーク以外に，オージェ電子が試料からの脱出過程でプラズモンを励起し，それに相当するエネルギーを失ったために現れるピークもある．図2-43にアルミニウムの KLL オージェピークを示す．$KL_1L_{2,3}$ オージェピーク，$KL_{2,3}L_{2,3}$

2.7 オージェ電子分光法

オージェピーク以外に約16 eVだけ離れた位置にもピークが現れている．これはオージェ電子によるプラズモン損失ピークである．

電子は固体内で静止していた電子と衝突したときに，非弾性散乱によりエネルギーを与えることがある．エネルギーを得た電子は動き始める．この課程は次々と起こるため，バックグラウンドは低エネルギー側が大きくなる．しかし，電子のエネルギーが数eVより小さくなると電子に衝突する確率が小さくなるので，数eVから20 eV付近の間にピークが現れる．

オージェピークはバックグラウンドに比べて非常に小さいため，バックグラウンドを除去することが必要となることがある．通常バックグラウンドはなだらかに変化するので，スペクトルをエネルギーで微分すると，バックグラウンドを除去しオージェピークを強調することができる．図2-44にAgのスペク

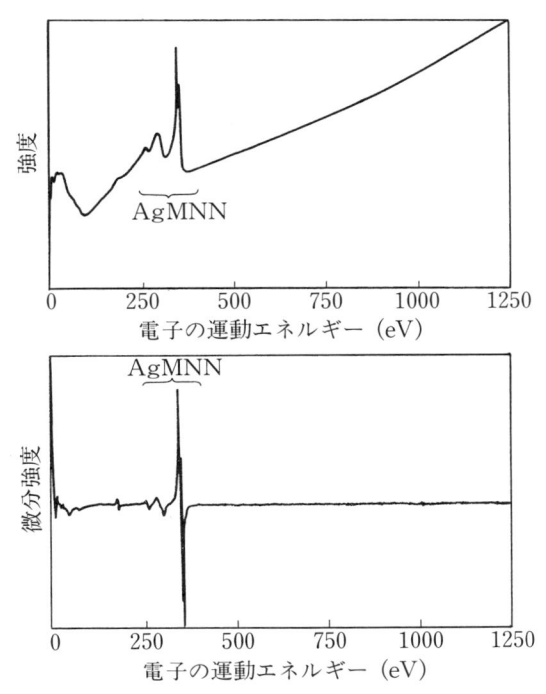

図 2-44 Agのオージェスペクトル（上段）とその微分スペクトル（下段）．

トルとその微分スペクトルを示す．微分スペクトルの鋭いピークが Ag のオージェピークである．微分の場合このピークの最大値から最小値までがピーク強度で，ピーク位置はピークの最小値を示すエネルギーである．

なお，移動している電子が非弾性散乱により静止している電子にエネルギーを分け与えることにより，$(m-1)$ 個の電子が新たに運動を開始させるということを仮定すると，バックグラウンドの強度は E^{-m} に比例する．すなわち，バックグラウンドは $n(E)=kE^{-m}$ と表すことができる．したがって，スペクトルを両対数でプロットして，その傾きから m を求めて E^{-m} で表したバックグラウンドを数値的に作成して，それをスペクトルから差し引くことが可能である．この方法をシッカフス（Sickafus）の方法という．

測定原子の化学結合状態が変わると，それに伴ってオージェスペクトルの形状とエネルギー値が変化することがある．これを一般にケミカルシフトという．これまで，オージェスペクトルの場合は三つの準位の変化が関与するために解釈が複雑となり，オージェピークを利用してケミカルシフトを観測することは XPS の場合ほど重視されていなかったが，最近では分解能に優れたエネルギー分析器を用いるなどしてオージェスペクトルを取得することが行われるようになり，AES による化学結合状態の解析が行われるようになった．図 2-45 に Si の LVV オージェピークが化学結合状態により変化する様子を示す．

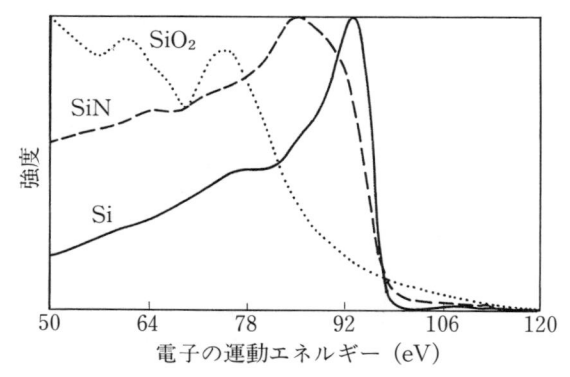

図 2-45　化学結合状態による Si の LVV オージェピークの変化（吉原一紘，吉武道子：表面分析入門，裳華房，p. 24 (1997)）．

2.7.5 定量法

元素 i からのオージェ電流 I_i を簡略に表現すると次のように書ける．

$$I_i = RI_0 N\sigma\omega_A E_D \sec\theta \cdot \Omega/(4\pi) \tag{2.71}$$

図2-46には模式的に(2.71)式を表してある．入射電子が，固体を構成する一個の原子に衝突して後方に散乱され，固体から脱出する前に，さらに数個の原子を励起する．これを背面散乱係数 R という．したがって，入射電子電流 I_0 に対して，背面散乱の効果を考慮すると $R \cdot I_0$ の入射電子を考えたことと同じこととなる．N はオージェ電子発生に寄与する単位体積あたりの標的原子の原子数である．σ はイオン化断面積で，図2-30の例では，入射電子がK殻をイオン化する確率である．イオン化された原子核がオージェ電子を発生するか特性X線を発生するかは原子によって異なるが，それをオージェ電子の発生確率 ω_A で表す．E_D はエネルギー分析器の方向を考慮した電子の脱出深さであり，これは物理的に定義された電子の非弾性散乱平均自由行程 λ_i に密接に関係する量である（(3.27)式を参照）．$\sec\theta$ が掛けられているのは，電子が垂直入射されるよりも，角度 θ の斜め入射の方が，入射電子の横切る体積は sec

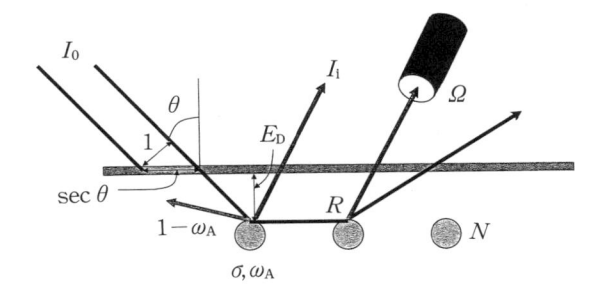

図 2-46 単位体積あたり N 個の原子からなる固体に I_0 の強度の電子線を表面に垂直な方向から θ だけ傾けて入射したときに発生するオージェ電流強度 I_i を模式的に示す．ここで，R は背面散乱係数，σ はイオン化断面積，ω_A はオージェ遷移確率，Ω は分析器の取り込み立体角である．なお，$(1-\omega_A)$ は特性X線が発生する確率となる．

θ だけ増え，それだけオージェ電流は増加するためである．なお，電子分光では電子線回折とは異なり，角度 θ を表面に垂直な方向から測る．Ω はエネルギー分析器の立体角で，放出されたオージェ電流の中，$\Omega/4\pi$ の分がエネルギー分析器に入る．オージェ電子発生確率 ω_A に関しては前述したようにバーホップにより半実験式((2.36)式を参照)が提案されており，また背面散乱補正係数 R は志水らがモンテカルロ法による計算機シミュレーションにより系統的に求めている．R の値は原子の種類や入射電子線のエネルギー，照射角度によって異なるが，およそ 1.5～2.5 の間である．例えば，電子線が垂直に入射されたときの値は以下のようになっている．

$$R = 1 + (2.34 - 2.10Z^{0.14})U^{-0.35} + (2.58Z^{0.14} - 2.98) \tag{2.72}$$

ここで，Z は原子番号，U は入射電子線のエネルギー(E)と内殻励起エネルギー(E_c)の比 (E/E_c: overvoltage ratio) である．

(1) 標準試料を用いる定量方法

分析対象試料の元素 i の表面濃度を C_i^{unk} とすると $N_i = C_i^{\text{unk}} n^{\text{unk}}$ だから，(2.71)式は

$$I_i = R_i^{\text{unk}} I_0 C_i^{\text{unk}} n^{\text{unk}} \sigma_i \omega_A E_{Di}^{\text{unk}} \sec\theta \cdot \Omega/(4\pi) \tag{2.73}$$

ここで，n^{unk} は試料の原子密度である．なお，表面濃度とは，最表面のみではなくオージェ電子の脱出深さに相当する厚さに含まれる組成の濃度である．元素 i のみからなる純物質の表面濃度を C_i^{std} とし，n_i^{std} を原子密度とすると，元素 i の純物質のピーク強度 I_{std} は

$$I_{\text{std}} = R_i^{\text{std}} I_0 C_i^{\text{std}} n_i^{\text{std}} \sigma_i \omega_A E_{Di}^{\text{std}} \sec\theta \cdot \Omega/(4\pi) \tag{2.74}$$

なお，m 種類の元素からなる試料の原子密度 n^{unk} は以下のように見積もることができる．

$$n^{\text{unk}} = \sum_{j=1}^{m} C_j^{\text{unk}} n_j^{\text{std}} \tag{2.75}$$

ピーク強度比 ($K_i = I_i/I_{\text{std}}$) を取ると

$$K_i = \frac{C_i^{\text{unk}} n^{\text{unk}} R_i^{\text{unk}} E_{Di}^{\text{unk}}}{C_i^{\text{std}} n_i^{\text{std}} R_i^{\text{std}} E_{Di}^{\text{std}}} = \frac{C_i^{\text{unk}}}{C_i^{\text{std}}} n^{\text{unk}} \frac{1}{F_i} \tag{2.76}$$

ここで，F_i はマトリックス補正係数と呼ばれ，以下のように定義される．

$$F_i = n_i^{\text{std}} \frac{R_i^{\text{std}} E_{\text{D}i}^{\text{std}}}{R_i^{\text{unk}} E_{\text{D}i}^{\text{unk}}} \tag{2.77}$$

したがって，

$$C_i^{\text{unk}} = C_i^{\text{std}} \frac{F_i}{n^{\text{unk}}} K_i \tag{2.78}$$

ここで，$\sum_{j=1}^{m} C_j^{\text{unk}} = 1$ であるから，試料の原子密度 n^{unk} は以下の式を作ればキャンセルすることができる．

$$C_i^{\text{unk}} = \frac{C_i^{\text{unk}}}{\sum_{j=1}^{m} C_j^{\text{unk}}} = \frac{C_i^{\text{std}} F_i K_i}{\sum_{j=1}^{m} C_j^{\text{std}} F_j K_j} \tag{2.79}$$

これから，測定強度比とマトックリクス補正係数（脱出深さの比と標準試料の原子密度に依存する）を基に，元素濃度が推定できる．

試料の背面散乱係数の計算に必要な原子番号や脱出深さは，以下のように見積もることができる．分析対象試料の原子番号 Z^{unk} は

$$Z^{\text{unk}} = \sum_{j=1}^{m} C_j^{\text{unk}} Z_j \tag{2.80}$$

脱出深さは

$$\frac{1}{E_{\text{D}i}^{\text{unk}}} = \sum_{j=1}^{m} \frac{C_j^{\text{unk}}}{E_{\text{D}j}^{\text{std}}} \tag{2.81}$$

となる．なお，計算の開始時には C_i^{unk} は未知なので，第1近似としては，ピーク比 $K_i / \sum_{j=1}^{m} K_j$ を C_i^{unk} として，原子番号と脱出深さをそれぞれ求めて用いるとよい．

（2） 相対感度係数を用いる定量法

ある元素の相対感度係数 α_i は，ある元素の標準試料（元素濃度 C_i^{std}）を用いて測定したピーク強度を，特定の標準試料のピーク強度（通常は AgMNN ピーク強度）と比べて比とした値である．すなわち，

$$\alpha_i = \frac{I_i^{\text{std}} / C_i^{\text{std}}}{I_{\text{Ag}}^{\text{std}}} \tag{2.82}$$

この値をすべての元素の光電子ピークについて測定すれば相対感度係数表ができあがる．本来は個々の装置で求めることが望ましいが，通常は装置メーカーの推奨値を用いている．

相対感度係数が既知であれば，m 種の元素からなる表面組成は次式により求められる．

$$C_i^{\mathrm{unk}} = \frac{I_i^{\mathrm{unk}}/\alpha_i}{\sum_{j=1}^{m} I_j^{\mathrm{unk}}/\alpha_j} \tag{2.83}$$

しかし，この方法はオージェ電子の脱出深さ，背面散乱効果や表面の凹凸による相異を考えていない．また，さらに大きな問題点としては純物質でなく化合物になると相対感度は著しく異なることである．

2.7.6　深さ方向の組成分布の測定

オージェ電子の脱出深さはオージェ電子のエネルギーによって異なるが，十分の数 nm～2 nm 位である．したがって深さ方向の分析を行うために通常用いられる手段はアルゴンイオンスパッタリング法である．また，すべての試料の最表面は吸着物や酸化物で汚染されているのが通例であり，真の表面層を観察するためにもこの方法は不可欠である．

アルゴンイオンスパッタリング法は，アルゴンガスを熱電子励起によりイオン化し，それを 2～3 kV に加速し，試料表面に照射し，スパッタリングにより表面を削り取る方法である．通常使用されているイオン銃は，差動排気式イオン銃[*7] である．このイオン銃は，導入気体をイオン化する箇所のみが圧力が高くなるように工夫されており，分光装置全体の圧力が 2×10^{-8} Torr 台であっても十分なイオン電流が取れるようになっている．また通常アルゴンイオンビームを走査して広範囲のスパッタリングができるように設計されている

[*7] イオン化する箇所と，イオンを取り出す箇所をオリフィスで区切り，イオンを取り出す箇所を真空ポンプで排気する．これにより，イオン化する箇所に気体（通常はアルゴン）を導入しても，真空装置全体の真空度は落ちなくしたイオン銃．

が，試料以外の場所をスパッタリングし，それが試料表面に再付着する場合があることにも注意しなくてはならない．また，照射したアルゴンイオンが試料中に埋め込まれ，それが観測されることもある．

（1） 深さ方向測定の位置分解能の定義

スパッタリングにより深さ方向の組成変化を求めると，組成が界面で理想的にステップ状に変化していたとしても，通常はスパッタリングによる界面の荒れや組成の混じり合いなどにより，図2-47に示すように界面近傍でなだらかな尾を引く．そこで，図2-48に示すように深さ方向の位置の分解能関数という考え方を導入すると，観測された強度分布と深さ方向の分布との間の関係は次式で定式化できる．深さ方向の分布を観測したときに得られる強度分布（例えば，表面が酸化したときの酸素の分布）を $I(z)$ とし，正しい組成分布を $C(z)$ とすると，$I(z)$ と $C(z)$ の間には以下の関係がある．

$$I(z) = \int_{-\infty}^{\infty} C(z')g(z-z')dz' \qquad (2.84)$$

この積分は畳み込み積分（convolution）と呼ばれる．ここで $g(z-z')$ は分解能関数で，以下のように規格化されている．

$$\int_{-\infty}^{\infty} g(z-z')dz' = 1 \qquad (2.85)$$

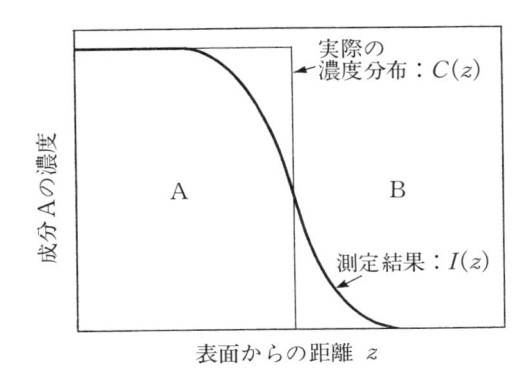

図 2-47 A/B両成分が組み合わさった材料の界面．

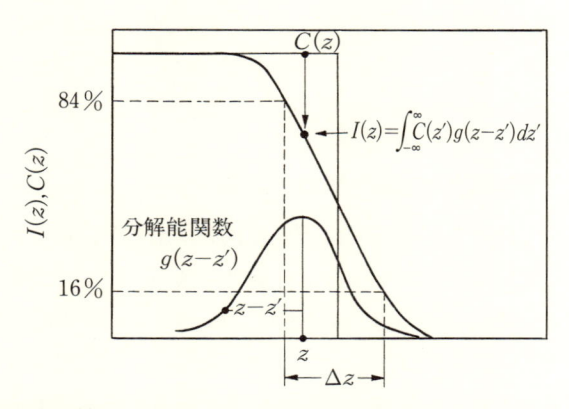

図 2-48 実際の濃度分布 ($C(z)$) が分解能関数 ($g(z-z')$) と畳み込み積分されて観測値 ($I(z)$) になる（吉原一紘，吉武道子：表面分析入門，裳華房，p. 48（1997））．

すなわち，真の深さ方向分布に，分解能関数という「ぼけ」の部分が加わり，測定される組成の深さ方向分布は実際よりはなめらかになるということを数学的に示している．$g(z)$ が(2.86)式のように，2σ を半値幅（Full Width at Half Maximum：FWHM）としたガウス（Gauss）関数で表されるとすると

$$g(z)=\frac{1}{\sigma\sqrt{2\pi}}\exp\left(-\frac{(z-z')^2}{2\sigma^2}\right) \tag{2.86}$$

界面での強度が84%と16%となる幅は 2σ となる．そこで $\Delta z=2\sigma$ として，Δz を分解能と定義する．Δz の大きさはアルゴンイオンの入射角度やエネルギーおよび電流密度に依存する．イオンのエネルギーが小さいほど，また，ビーム電流密度が小さいほど分解能は上昇する．もちろんこの場合にはスパッタリング速度は著しく遅くなるが正確に界面の組成変化を求めたいときにはこのようにするとよい．一方，膜厚が薄いほど界面の組成分布の分解能は上昇することが知られているが，試料を回転させながらスパッタリングすると，分解能は深さ方向（z）に依存しないことも知られている．一般に多結晶体をスパッタリングするとスパッタリング速度が面方位によって異なるため，スパッタリングを続けると表面が荒れてくる．しかし，試料回転することにより試料表面が

様々な方向からスパッタリングされるため均一にスパッタリングされ，表面荒れが押さえられる．

(2) 電子の脱出深さと位置分解能

電子の脱出深さも分解能に影響を与える．図2-49に示すように，スパッタリングされた領域と界面の距離が電子の脱出深さと同程度になると，スパッタリングされた領域が界面に達しなくても，界面からの情報を検出してしまう．これは，電子分光法にとって固体は電子の脱出深さ分だけ「透明」になっていると考えることができるからである．したがって，分解能をできるだけ向上させた分析をするためには，脱出深さが小さくなる条件（減衰長さの小さい電子を放出する遷移を観測する，あるいは検出器への入射角度を大きくする）で測定することがよい．

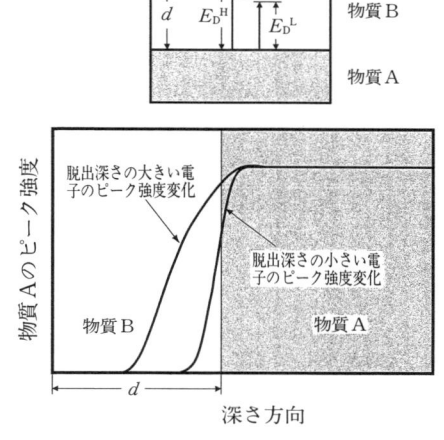

図 2-49 電子の脱出深さの違いによる界面情報のずれ．脱出深さの大きい E_D^H と脱出深さの小さい E_D^L 電子とでは界面位置 (d) の検出情報が異なる．

3
X線と固体の相互作用を利用した表面分析法

　X線を固体表面に照射すると，電子の結合エネルギーがX線の持つエネルギーよりも小さければX線による原子の励起が生じ，その結果電子が発生する．この電子は光電効果で発生するために光電子と呼ばれる．この光電効果を利用した表面分析方法がX線光電子分光法である．また，X線を固体表面に照射し，光電子が放出された後には，空孔が生じる．この空孔に，より外殻の電子がX線を放出して遷移する．この放出されたX線を蛍光X線と呼ぶ．X線の入射角を小さくして，表面で全反射させることにより，表面に敏感にした分析方法が全反射蛍光X線分析法である．一方，X線は電磁波であるため，

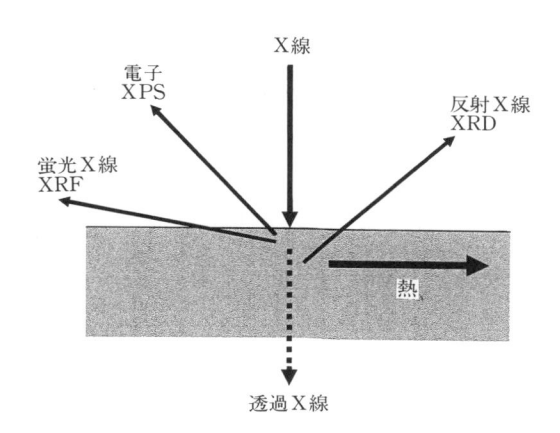

図 3-1 X線と固体表面の相互作用により発生する信号とそれを利用した表面分析法（蛍光X線分析（XRF）の中で，ここでは全反射蛍光X線分析法（TXRF）についてのみ述べる）．

X線を試料に入射すると,結晶格子により回折される.X線は固体試料の内部まで侵入するため,散乱は試料全体で生じる.したがって,通常のX線回折法は表面分析には用いられない.しかし,低角度にX線を入射させるとともに,できるだけ平行な入射X線の線束を用いて回折線の発散を小さくすると,薄い試料の構造解析が可能となる.図3-1にX線と固体の相互作用を模式的に示す.

3.1 X線の発生方法

図3-2に,アルミニウムから発生するX線スペクトルを示す.図からわかるように,金属に電子線を照射すると,2種類のX線が発生する.一つはスペクトル上に鋭いピークを持つ特性X線で,もう一つは連続X線である.運動エネルギー E を持つ電子が原子核と衝突して運動エネルギーが E' となった場合,$h\nu = E - E'$ のエネルギーを持つX線が放出される.電子は固体中の原子核と次々と衝突を繰り返し,完全にエネルギーを失うまでX線を放出していく.これを制動輻射といい,制動輻射によって発生する0.1〜100Åと幅広い領域の波長を有するX線を連続X線という.

金属原子の内殻レベルにある電子が励起されて外部に放出されて空孔(ホール)が形成される.電子が抜けてできた空孔をその準位より高い準位の電子が落ち込んで埋める(これを遷移という)とき,そのエネルギー差に等しいエネルギーを持ったX線を放出する.これを特性X線と呼び,遷移の種類によりKα線,Kβ線と命名している.表3-1に各種のX線源とその線幅を示した.

X線光電子分光法で必要な線源は内殻電子が励起できるだけのエネルギーがあり,しかもできるだけ線幅の小さな特性X線が望ましい.通常はAlKα線(1486.6 eV,線幅0.85 eV)またはMgKα線(1253.6 eV,線幅0.7 eV)が使われる.ここでKα線とは以下に示すようにK殻にできた空孔をL殻の電子が埋めるときに発生する余剰エネルギーによって放出されるX線を指す.なお,Kα線はL殻の状態によって,Kα_1とKα_2に分かれるが,実際にはほと

3.1 X線の発生方法

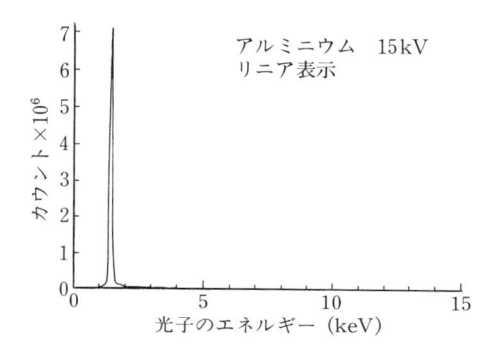

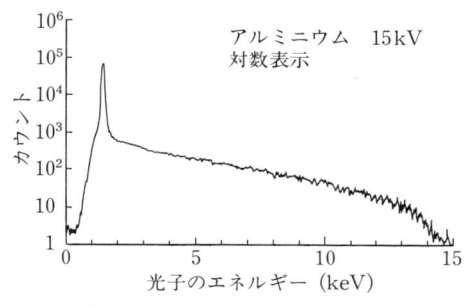

図 3-2 15 keV の電子線で衝撃したときのアルミニウムターゲットからのX線放出スペクトル．上段はX線強度をリニアスケールで，下段は対数スケールで表示してある．広いエネルギー範囲で制動輻射による連続X線が存在する（合志陽一，志水隆一監訳：表面分析(上)，アグネ承風社，p. 55 (1990))．

表 3-1 いくつかの特性X線のエネルギーと線幅．

X線	エネルギー (eV)	線幅 (eV)
CuLα	929.7	3.8
MgKα	1253.6	0.7
AlKα	1486.6	0.85
SiKα	1739.5	1.0
ZrKα	2042.4	1.7
TiKα	4510.0	2.0

んど重なって一つに見え，$K\alpha$ と称するのが普通である．$K\alpha_1$ と $K\alpha_2$ の発生過程を以下に示す．括弧の中は原子内の電子が占めている準位を示す（付録 a を参照）．

$$K\alpha_1 = L_3(2p_{3/2}) \to K(1s)$$
$$K\alpha_2 = L_2(2p_{1/2}) \to K(1s)$$

この他，K 殻にホールが発生したときに，その影響で同時に L 殻にホールができることがある．この結果，以下に示すように，複数個の空孔の緩和により X 線が発生する．括弧の中は L-S 結合による電子状態を表す記号（付録 a を参照）である．

$$K\alpha_3 = L_2L_3(^1D) \to KL_3(^3P)$$
$$K\alpha_4 = L_3L_3(^3D) \to KL_3(^3P)$$

これらのピーク位置は主ピークである $K\alpha$ 線から約 10 eV ほど離れており，この多重励起状態の緩和により放出された X 線により励起されたサテライトピークが X 線光電子分光のスペクトルに出現する．

3.1.1 X 線管球

　X 線管球には封入式と回転対陰極開放式があり，いずれも陰極のタングステンコイルフィラメントから出る熱電子を加速し，対陰極（ターゲットまたは陽極）に衝突させたときに，ターゲット表面から放射される X 線を利用する．回転対陰極開放式は，熱電子を高速で回転するドラム式のターゲットに照射することにより対陰極の冷却効果を高めて，出力を通常の封入式のものに比べて 5～10 倍にする方式である．しかし，表面分析の分野ではあまり用いられていないので，本書では封入式の管球の説明にとどめる．

　封入式管球は X 線回折や蛍光 X 線分析に用いられるものは，$10^{-7} \sim 10^{-8}$ Torr の真空に保った管球内にフィラメントとターゲットを封入し，フィラメントを加熱し，発生した熱電子に高電圧をかけられるようになっている．実際には，フィラメントに負電圧をかけ，ターゲットは接地されている．X 線の発生効率は非常に小さく，熱電子のエネルギーの 99% 以上はターゲット上で

3.1 X線の発生方法

熱に変わる．そのため，水でターゲットを裏面から冷却する．高真空にも強くまたX線吸収の少ないベリリウムの薄い板（厚さ：0.3 mm 程度）で作られた窓からX線が管外に取り出される．よく使われるCuKα線やCrKα線では，窓の透過率はそれぞれ92%と79%程度である．

X線光電子分光法に用いられるX線管球は，装置全体が超高真空中にあるため，管球全体を真空に封じきる必要はないが，基本的な構造は封入管式と同じである．ただ，ターゲットから発生させるX線のエネルギーがX線回折や蛍光X線分析に使われるCuKα線やCrKα線では，それぞれ8047.8 eV，5414.7 eV と大きいのに比べ，X線光電子分光法の場合に使われるAlKα線やMgKα線は，それぞれ1489.6 eV，1253.6 eV と小さいということが異なる．ターゲット材料は，冷却効果を上げるために，銅のアノード上にAlやMgを10 μm 程度蒸着したものが用いられる．X線の取り出し窓には通常Alの薄膜が使用される．この薄膜は試料を電子や熱に対する遮蔽効果とX線の透過効果を併せ持たせるために，厚さは数 μm 程度である．図3-3にX線光電子分光法用のX線管球の模式図を示す．また，X線管球によってはAlとMgの

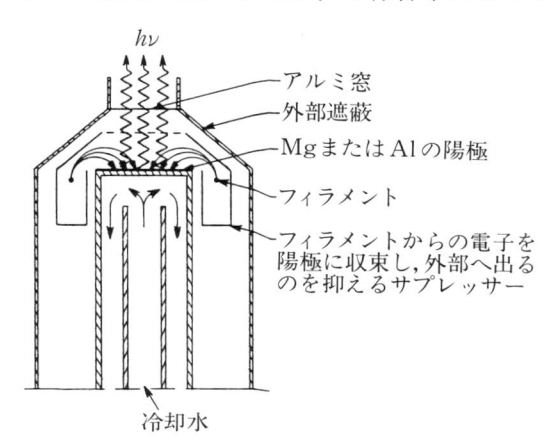

図 3-3 陽極としてマグネシウムまたはアルミニウムの一方を用いた軟X線源．水冷を施した銅のブロックの平滑にした端面に厚くマグネシウムまたはアルミニウムを蒸着してある（合志陽一，志水隆一監訳：表面分析（上），アグネ承風社，p.50（1990））．

双方が組み込まれている方式のものもある．

3.1.2 単 色 化

　X線光電子分光法では線幅の細い線源を用いることがエネルギー分解能の観点から有利である．また，特性X線と同時に，ある確率をもって連続X線も発生する．制動放射による連続X線の強度は特性X線の強度に比べてきわめて小さいが，X線の連続スペクトル部分を除去し，エネルギー分解能を向上させることは精密な解析には重要となる．

　X線源を単色化するには分光結晶によるブラッグ反射の原理を用いる．すなわち，面間隔 d の結晶面に対し，角度 θ で入射したX線のうち波長 λ のX線のみが反射され，このときブラッグの法則

$$2d \sin \theta = n\lambda \tag{3.1}$$

が成立する．$\lambda=0.83$ nm の AlKα 線の場合，石英の結晶は(1010)面の面間隔が 0.425 nm であるのでブラッグ角は 78.5° となり都合がよいため，通常，単色化は Al 線源に対して行われる．市販されている装置は，図3-4 に示すように，ローランド円（図2-28も参照）の円周上にX線源と回折結晶と試料が配置されている．

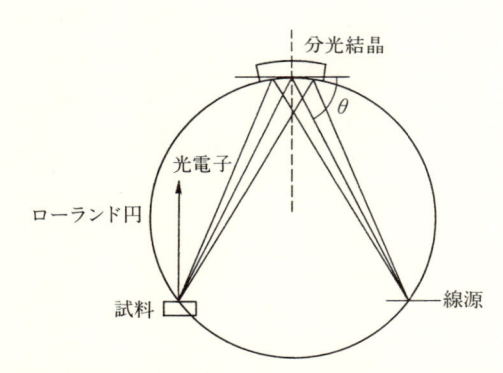

図3-4 X線の単色化の原理（吉原一紘，吉武道子：表面分析入門，裳華房，p. 58（1997））．

3.2 X線光電子分光法

 X線光電子分光法（X-ray Photoelectron Spectroscopy: XPS）は，固体表面にX線を照射し，光電効果により表面から発生する光電子のエネルギーと強度を測定することにより表面に存在する元素の数と種類を同定する方法である．エネルギー分解能に優れたエネルギー分析器を使うことにより，存在する元素の結合状態に関する情報を得ることができ，そのためにESCA（Electron Spectroscopy for Chemical Analysis）とも呼ばれることがある．X線は電子線ほど細くは絞れないため，AESほどの局所領域の解析は難しいが，最近は装置の改良により比較的ミクロな領域の分析や，面分析も可能となった．X線は固体に与える損傷が少ないため，絶縁材料や有機材料の解析に多用される．

3.2.1 原　　理

 XPSはX線を試料に照射し，各軌道にある電子を真空中に放出させ，その運動エネルギーを測定する分光法である．照射するX線のエネルギー $h\nu$，放出電子の運動エネルギー E_K，束縛エネルギー E_B の間には次のような関係がある．

$$E_B = h\nu - E_K - \phi \tag{3.2}$$

ここで，ϕ はエネルギー分析器の仕事関数である．このエネルギー模式図を図3-5に示す．実際の測定にあたっては，試料から電子が放出されても試料が帯電しないように試料をアースに接続し，電子のエネルギーを分析するための基準電位としてアース電位を取る．このことにより，エネルギー基準としては試料とエネルギー分析器のフェルミ準位が共通となる．これが，束縛エネルギーが通常フェルミ準位を基準に測定されるゆえんである．試料に与えられたエネルギー $h\nu$ はエネルギーの基準の取り方によらず一定であるから，束縛エネル

図 3-5　光電子の発生原理.

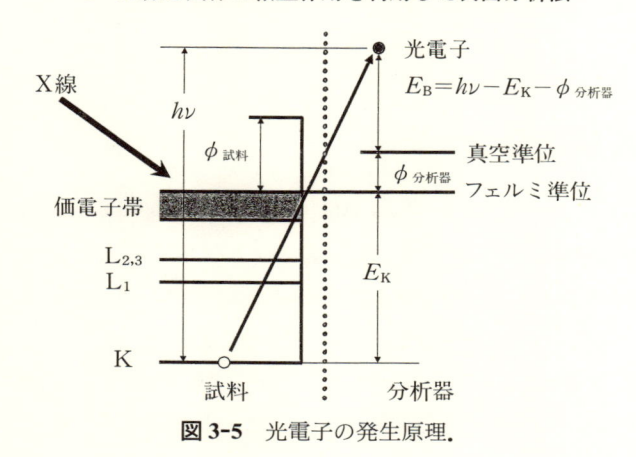

ギーは基準をフェルミ準位に取ることにより，エネルギー分析器の中で運動エネルギーを測定すれば(3.2)式から求めることができる．

　束縛エネルギーの値は，元素と電子の軌道（準位）によりほぼ決まった値を取るが，原子のおかれている化学的環境により値が変化する．これを用いて元素の種類と化学状態の同定を行う．原理的には $h\nu - \phi$（ここでの ϕ は試料の仕事関数）より浅い準位にある電子はすべて観測でき，全元素の検出が可能なはずであるが，各軌道が光により励起される確率（光イオン化断面積，3.2.5 参照）が小さいと実際には観測できず，H と He については利用されない．

3.2.2　装　　置

　分析装置には，固体表面に X 線を照射するための X 線発生装置（X 線を単色化するための分光器が取り付けられているものもある），試料を固定し所定の位置に移動できる試料ステージ，試料の表面をクリーニングしたり深さ方向分析をしたりするためのイオン銃，試料から放出された光電子のエネルギーを分光するためのエネルギー分析器，エネルギー分析器の出力信号を増幅し計測する検出器（電子増倍管）が超高真空装置に組み込まれている．典型的な X 線光電子分光装置の模式図を図 3-6 に示す．

3.2 X線光電子分光法

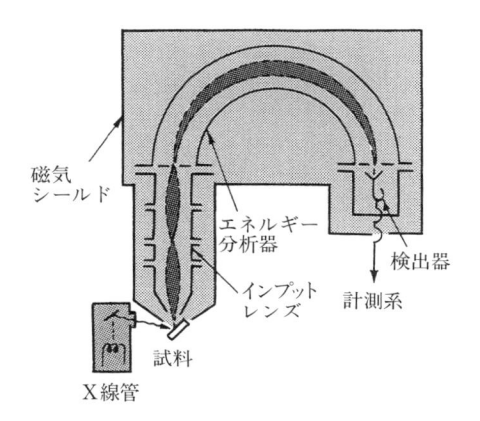

図3-6 X線光電子分光装置（日本表面科学会編：表面分析図鑑，共立出版，p.124 (1994)）．

XPSはAESと異なり，電子線ほどX線のビーム径を絞ることもできず，また走査することもできない．しかし，表面分析では，近年微小領域の分析に対する要求が強まっており，XPSによる微小領域分析を可能にするための方法がいくつか工夫されている．

電子線を微小領域に絞ることにより，X線の発生点の大きさを小さくすることができ，モノクロメータを使用してこの点光源を投影することで試料に照射されるX線を微小領域とすることができる．微小領域XPSの装置ではこの原理を利用したものもある．

さらに，モノクロメータの原理を二次元的に適応して，分光結晶を回転楕円体面上に置き，微小X線発生源を走査すると，単色化されたX線を試料面上で走査させることができる．すなわち，図3-7に示すように，楕円の焦点の一点をX線発生点，もう一点を試料表面上における単色化されたX線の照射点とすることができる．これにより，X線発生位置を走査することにより，試料上でX線が照射される位置が走査できる．電子線のビーム径を1 μm程度に絞ってもX線はより広い領域で発生するので，1 μmのビーム径のX線が得られるわけではないが，この方法でX線を走査してXPSのマッピングを行う装置が市販されており，10 μm程度の空間分解能を持つ．

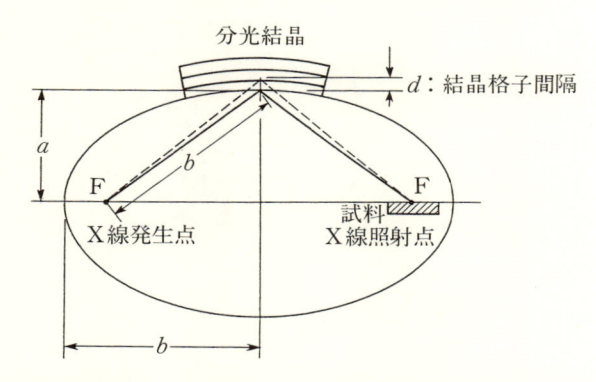

図3-7 回転楕円体を利用したX線の単色化の原理．楕円の短径と長径はそれぞれ，a と b で，F は楕円体の焦点（吉原一紘，吉武道子：表面分析入門，裳華房，p. 59（1997））．

XPSの場合，エネルギー分析器に入射する前の電子のエネルギーを減速させて分解能を向上させたり，試料の位置をエネルギー分析器より離してX線源やイオン銃を配置させたりすることが容易にできるように，インプットレンズと呼ばれるレンズシステムをエネルギー分析器の入射口の前に設置することが行われる．微小領域の分析には，このインプットレンズを用いて分析する電子の発生領域を制限し，限定された領域からの電子のみを取り込むことを行う．空間分解能はインプットレンズで絞ることによる感度の低下との兼ね合いで決定され，30 μm 程度である．インプットレンズに多段のイメージ用レンズを加え，試料の各点から発生した光電子を再度レンズで投影し，位置敏感型検出器を用いてマッピングを行う方式では，インプットレンズで電子の発生領域を絞る場合と比べて感度の低下が少なく，その結果，空間分解能が向上し，2 μm 程度が得られている．

3.2.3 光電子スペクトル

光電子スペクトルに現れるピークには主として三つの種類がある．すなわち，内殻準位および価電子帯からの光電子ピークとX線により励起されたオ

ージピークである．

（1）内殻準位

　固体中の電子は，種々の深さの量子化されたエネルギー準位に束縛されている．したがって，観測されるピークエネルギー E_B はとびとびのいくつかの異なるエネルギー準位の値を取り，横軸に束縛エネルギーを，縦軸に検出される電子の強度を取った光電子スペクトルには，いくつかのピークが現れる．図3-8に示したのは，X線源としてMgのKα線を用いて励起したときのAuの光電子スペクトルである．内殻準位から放出された一連の光電子ピークが観測される．固体中から光電子が放出されると，その一部は周りの原子と相互作用していくらかエネルギーを失って真空中に飛び出す．図3-8で見られるピークの低運動エネルギー側でステップ上に増加するバックグラウンドは，このエネルギーを失った光電子によるものである．図3-8には，束縛エネルギー80 eV付近のピークは4f軌道の電子，350 eV付近のピークは4d軌道の電子，というようにいくつもの異なったエネルギー準位にある内殻電子によるピークが観測される．

　また，s軌道の電子は一つのピークだが，dやf軌道の電子は二つのピークになっている．s以外の軌道角運動量を持つ軌道では，軌道上の電子の磁気的

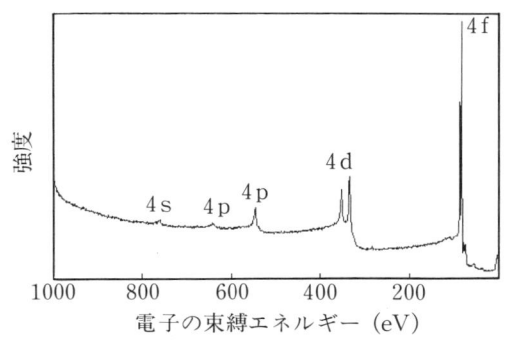

図3-8　MgKα線で励起したAuの光電子スペクトル（スペクトルはCOM-PROデータベース00001192）．

な効果(軌道磁気モーメント)とスピンの相互作用のために,同一の方位量子数 l に属する軌道が $j=l+1/2$ と $j=l-1/2$ の二つの状態が励起され,二つのピークに分裂して観測される.一つの j に対応する状態は $2j+1$ 重に縮退している.したがって,二つのピークの相対強度は縮退度の比により与えられる.表3-2にそれぞれの軌道が取りうる j 値と二つのピークの相対強度比を示してある.二つのピークのエネルギーの違い,すなわち分裂幅は空孔ができて不対電子[*8]が存在している軌道の空間的広がりに依存しており,空孔のある軌道が原子核の近くにあるほど分裂幅は大きく,図3-8で4d軌道の分裂のほうが4f軌道の分裂より大きいことがわかる.

表3-2 スピン-軌道相互作用による分裂とピーク幅.

軌道	j 値	面積比
s	1/2	
p	1/2, 3/2	1:2
d	3/2, 5/2	2:3
f	5/2, 7/2	3:4

(合志陽一,志水隆一監訳:表面分析(上),アグネ承風社,p. 116(1990))

(2) ケミカルシフト

同一元素でも化学結合状態により,異なった束縛エネルギー位置に内殻準位のピークが現れる.これをケミカルシフトと呼ぶ.光電子スペクトルは注目している原子とその周囲の局所的な電子状態を反映している.これらの状態は原子の結合状態によって変化するため,表面に存在する元素の化学結合状態が判別できる.

単体Aの元素を基準として,それが化合物Bになったときの元素の結合エネルギーのシフト量 ΔE は次式で表すことができる.

$$\Delta E = K(q_A - q_B) + (V_A - V_B) \tag{3.3}$$

[*8] 原子の核外電子は2個ずつ対になっているが,対になっていない電子(不対電子という)があると,これが他の原子との結合に関与する原子価電子となる.

3.2 X線光電子分光法

ここで，q は元素の価電荷で A，B のサフィックスはそれぞれ単体，化合物を示す．K は価電子と内殻準位の軌道電子との相互作用係数である．V はマーデリング定数と呼ばれるもので，周囲の原子 j の価電荷 q_j が注目している原子の位置に及ぼす静電ポテンシャルの総和である．すなわち，

$$V = \sum \frac{q_j}{R_j} \tag{3.4}$$

ここで，R_j は原子 j と注目原子の中心間の距離である．

(3.3)式の第1項は荷電子帯の電荷の変化により内殻準位が変化することを示しており，第2項は状態間のマーデリングポテンシャルの差が内殻準位の結合エネルギー変化に及ぼす影響を示している．周囲の原子の価電荷の変化は，中心原子の価電荷の変化と逆符号であるので，多くの場合，第1項と第2項は逆の方向に働く．

第1項の変化が顕著な例として，種々のニッケルハロゲン化物の $2p_{3/2}$ ピークのケミカルシフトとニッケル原子の電荷の関係を図3-9に示す．電気陰性度の大きい塩素と結合した場合はニッケルの負電荷は多く塩素に移動し，逆に電気陰性度の小さいヨウ素ではニッケルの負電荷数は多い．このため $NiCl_2$ となった $Ni2p_{3/2}$ ピークの方がケミカルシフトは大きくなる．元素が結合して陽イオンになると，その元素の価電子電荷は単体電子のそれよりも減少する．し

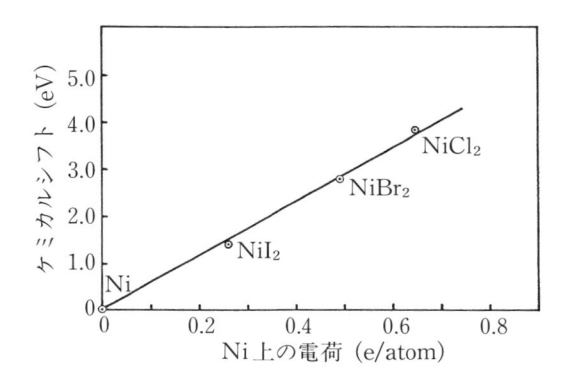

図 3-9 ニッケルハロゲン化物のケミカルシフト（大西孝治，堀池靖浩，吉原一紘：固体表面分析 I，講談社サイエンティフィク，p. 61 (1995)）．

たがって，(3.3)式の第1項は正になるので，陽イオンになるとピークエネルギーは大きくなる．逆に陰イオンになるとピークエネルギーは小さくなる．例えば単体のリンの $2p_{3/2}$ ピークの束縛エネルギーは約 $130.2\,\mathrm{eV}$ であるが GaP のリンでは $128.7\,\mathrm{eV}$ となる．

(3.3)式は基底状態のみを考慮しており，光電子放出後の緩和過程を考慮していない．ここで，準位 a の軌道からの光電子放出を考える．光電子が放出されると正孔が生成する．いま，始状態（光電子放出が生じる前）のエネルギーを E_{ini}，終状態（光電子が放出され，正孔が生成したとき）のエネルギーを E_{fin} とすると，観測される束縛エネルギー E_0 は光電子放出前後のエネルギー差であるから

$$E_0 = E_{\mathrm{fin}} - E_{\mathrm{ini}} \tag{3.5}$$

と表すことができる．なお，エネルギーはフェルミ準位を基準として準位の深い方向へ測る．軌道に発生した正孔への電子の流れ込みにより準位が変化しなければ，準位 a の束縛エネルギー E_a は観測した E_0 と等しくなる．しかし，実際には光電子放出後の正孔に電子が流れ込むことにより，原子核を取り巻く電子の数が減少するので，残りの電子はより強く，原子核の正電荷に引きつけられ，各軌道のエネルギーが小さくなる．この低下したエネルギーを原子内緩和エネルギー（E_i）と呼ぶ．また，隣接する原子からの電子の流れ込みにより，隣接原子の電子が影響を受けて変化する．これにより低下したエネルギーを原子外緩和エネルギー（E_e）と呼ぶ．したがって，観測される準位 a の束縛エネルギー E_0 は

$$E_0 = E_a - E_i - E_e \tag{3.6}$$

となり，緩和のエネルギー分だけ本来の束縛エネルギー E_a より低下している．

実際の化合物のケミカルシフトは，(3.3)式では説明できないことがあるが，これは(3.6)式の緩和の効果を考慮していないからである．

（3） 価電子準位

価電子準位は，低エネルギー電子により占められている．この領域の電子

は，孤立した内殻のエネルギー準位のように，特定の値はとらず，バンド構造と呼ばれる幅のあるエネルギー範囲に存在する．エネルギーバンドの中でも，それぞれのエネルギーを取る電子の数（単位エネルギーあたり）は決まっており，これを状態密度という．X線で価電子帯を励起したときには，励起するX線のエネルギーが大きいために，放出される光電子の運動エネルギーが大きくなり状態密度の分布のない自由電子と見なせるので，終状態の影響を受けず，スペクトルは満ちた始状態の電子の状態密度を表している．したがって，状態密度の計算結果を実験値と比較する場合にはX線光電子分光法で測定されたスペクトルが利用される．

　価電子帯の状態密度は原子間の結合に非常に敏感なので，高分子などでC1sやO1sなどの内殻準位のエネルギーで区別が付かない場合や，高分子の異性体のように，価電子帯が立体構造を反映する場合には，価電子帯スペクトルから判定することができる．

　金属の場合，バンドの重なりが大きく，電子が充満しているエネルギーが一番高い準位（フェルミ準位）までが価電子帯となり，エネルギーギャップはない．したがって，価電子帯を測定するとフェルミ準位の所で急激に電子密度が減少する．特に遷移金属のフェルミ端は鋭く観測されるため，この位置を束縛エネルギーの零点としてエネルギー軸の校正に使うことができる．

（4）　オージェピーク

　X線を照射すると光電子が発生するばかりでなく，光電子が発生したホールの緩和過程でオージェ電子が放出される（発生の機構については2.7.1を参照）．これをX線励起オージェ電子と呼ぶ．オージェ電子の運動エネルギーは励起源のエネルギーに依存しないため，XPSのように束縛エネルギーを横軸に取ってグラフ表示すると，励起源ごとに位置が異なって表示される．これは，通常，AESでは発生した電子の運動エネルギーを横軸とするのに対し，XPSでは，励起源のエネルギーから光電子の運動エネルギーとエネルギー分析器の仕事関数を差し引いた束縛エネルギーを横軸として表示されるためである．

(5) 多重項分裂

内殻準位の電子が励起されて，内殻準位がイオン化すると，その準位に不対電子が形成される．このとき最外殻準位に不対電子が存在すると，両者の間に結合が起こり，電子状態が分裂する．これを多重項分裂という．Mn^{2+} を例にとると，その電子配置は $3s^2 3p^6 3d^5$ であり，基底状態では 5 個の 3d 電子がすべて不対電子で平行スピン（^6S：表記方法については付録 a を参照）を有する．3s でイオン化が起こると，残った 3s 電子が不対電子となる．この電子のスピンの方向によって，図 3-10 のように二つの状態，すなわち，残った 3s 電子が 3d 電子のものと平行ならば（終状態 ^7S），交換相互作用が起こり，反平行スピンの場合（終状態 ^5S）より束縛エネルギーが小さくなる．その結果 Mn3s ピークは二つに分裂する．分裂の幅は量子力学的に計算ができるが Mn3s の場合は，化合物によって異なるが，およそ 5～6 eV 程度である．

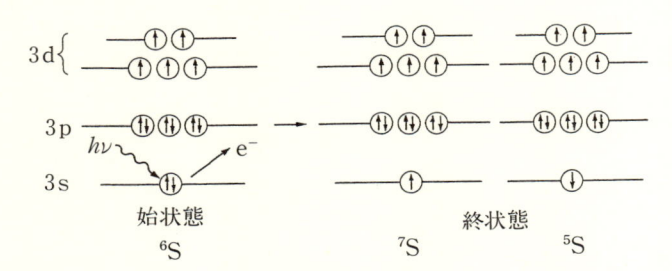

図 3-10 Mn^{2+} イオンの始状態（^6S）と終状態（^7S, ^5S）（大西孝治，堀池靖浩，吉原一紘：固体表面分析 I，講談社サイエンティフィク，p.70 (1995)）．

(6) X 線源の非単色によるサテライトピーク

通常の X 線光電子分光法では，X 線源として $AlK\alpha_{1,2}$ (1486.6 eV) や $MgK\alpha_{1,2}$ (1253.6 eV) が用いられる．3.1 で述べたように，これらの X 線には $K\alpha_3$, $K\alpha_4$ が含まれる．これらのピークは，アルミニウム，マグネシウムの双方とも約 10 eV ほど $K\alpha_{1,2}$ よりエネルギーが高く，また強度は $K\alpha_{1,2}$ の約 1/

10 である．したがって，光電子ピークの約 10 eV 低い束縛エネルギー位置に，常に約 1/10 の強度を持ったピークが出現する．主ピーク近傍に出現するこのようなピークを一般にサテライトピークと称する．このサテライトピークはX線源の単色化によって除去できる．

（7） 内殻電子の放出に伴う外殻電子の励起

X線によって内殻電子が励起されて放出され，正孔が生じたときの急激なポテンシャル変化により，外殻電子が励起されたり放出されたりすることがある．内殻のイオン化と同時に外殻の電子が空軌道に励起される場合をシェークアップ過程という．この過程が起こると光電子スペクトルには内殻のイオン化に対応する主ピークの低運動エネルギー側に不連続なピーク（サテライトピー

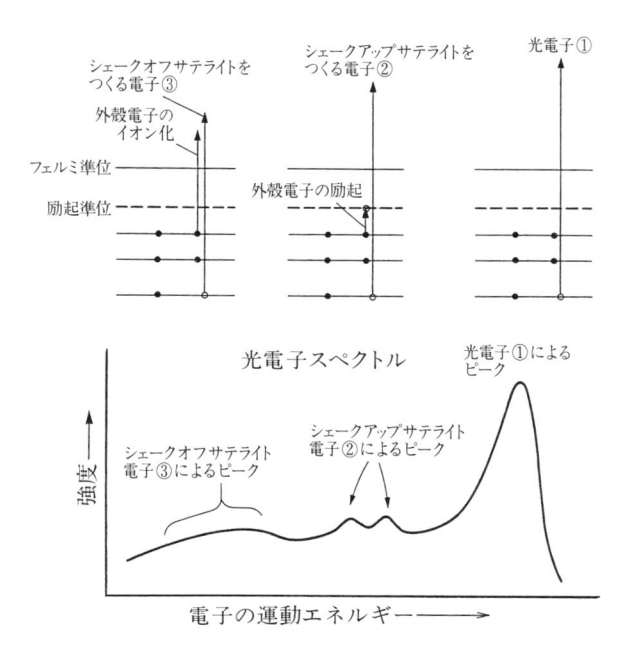

図 3-11 光電子放出に伴う外殻電子の励起と，それによって光電子スペクトルに現れるサテライトの模式図（吉原一紘，吉武道子：表面分析入門，裳華房，p. 41（1997））．

ク）が出現する．主ピークとサテライトピークのエネルギー差は，内殻に正孔を持つイオンの基底状態と励起状態とのエネルギー差に等しい．内殻のイオン化と同時に外殻電子が固体外部（真空中）まで励起される過程はシェークオフと呼ばれ，主ピークの低運動エネルギー側に連続的なバンドが出現する．図 3-11 にはシェークアップとシェークオフの原理とこれらの励起により出現するスペクトルを模式的に示した．一番右の軌道エネルギー図のように，外殻電子の励起を伴わずに放出される光電子はスペクトルでは高い運動エネルギー側に現れる．中央の軌道エネルギー図のように光電子の放出時に外殻電子が空の軌道に励起される場合には光電子はこの励起エネルギー分だけエネルギーを失って出てくる．したがって，スペクトルでは，光電子①によるピークより励起エネルギー分低い運動エネルギーのところに現れる．外殻電子の軌道と空軌道との組み合わせが何通りかあってそれぞれ励起エネルギーが異なっているのでシェークアップサテライトはいくつかのピークになることが多い．外殻電子が空の軌道でなくエネルギーの高い連続帯まで励起されるのが左の軌道エネルギー図に示したシェークオフ過程である．この励起に必要なエネルギーはシェークアップより大きいので，シェークオフ過程を伴って放出される光電子はスペクトルではシェークアップサテライトよりさらに低運動エネルギー側に現れる．また，真空中に放出されるところまで励起するので連続的な励起エネルギーとなり，スペクトル上ではブロードなバンドとなる．

(8) 非弾性散乱によるロスバンド

　前項に述べたものは，光電子を発生する原子内でのエネルギー授受に基づくサテライトピークであるが，内殻のイオン化に対応する光電子（図 3-11 の光電子①）が固体中を通過して真空中に現れるまでに，他の原子の最外殻に近い電子を励起してその運動エネルギーの一部分を失うことがある．これを非弾性散乱と呼んでいる．非弾性散乱により生じるスペクトルの構造をロスバンドと呼んでいるが，多くの場合，主ピークの低運動エネルギー側にかなり強く現れる．XPS スペクトルに現れる主な遷移はプラズモン損失である．プラズモン損失については 2.7.1(1) に記述してある．XPS スペクトルを取ると，主ピ

3.2 X線光電子分光法

ークから等エネルギー間隔でプラズモン損失ピークが高エネルギー側（束縛エネルギーとして）に何本か出現する．なお，電子の運動エネルギーは，プラズモン損失により低エネルギー側に移動するが，XPSのスペクトルは束縛エネルギーで表示するため，エネルギーの基準が逆転し（(3.2)式参照），ピークは高エネルギー側に現れる．プラズモン損失以外に，バンド間遷移に伴うエネルギー損失が観測される．一般にπ電子を持つ有機分子固体や高分子などではπ-π^*遷移によるピークが高エネルギー側（束縛エネルギーとして）に出現する．有機物で，C1sの束縛エネルギーでは判断が付かない場合でも，共役結合が多く含まれているかどうかでバンド間遷移に伴うサテライトピークの大きさが異なり，サテライトピークの主ピークに対する強度比から，化合物の違いが判断できる場合がある．

3.2.4 バックグラウンドの除去

試料内で発生した光電子が表面から脱出する際に，多数回の散乱を受けることがある．すなわち，XPSのスペクトルはエネルギーを失わずに観測される電子と様々な相互作用によってエネルギーを失った電子のスペクトルから構成される．後者のスペクトルは広いエネルギー範囲に分布し，バックグラウンドと呼ばれる．したがって，測定したスペクトルから，エネルギーを失わずに放出されたピークを正確に分離する（すなわち，光電子ピークを抽出する）ことが，定量分析の上では重要となる．簡単なバックグラウンドの引きかたは，ピークの両端を目視で決定して，直線を引く方法である．直線より下部がバックグラウンドで上部がピークとする．この方法には物理的意味はないが，最も容易な方法である．

観測されるスペクトルを$J(E)$とすると，発生するバックグラウンド$B(E)$は，Eよりも高いエネルギーを持つ電子の散乱により発生するものとすると，一般的には(3.7)式で表すことができる．ここで，$G(E'-E)$は電子の散乱により，どのような形でバックグラウンドが発生するかを表す関数（応答関数）である．また，$(E'-E)$はエネルギー損失量を意味する

$$B(E) = \int_E^\infty G(E'-E) J(E') dE' \qquad (3.7)$$

したがって，ピークのみからなるスペクトル $F(E)$ は(3.8)式で表すことができる．

$$F(E) = J(E) - \int_E^\infty G(E'-E) J(E') dE' \qquad (3.8)$$

すなわち，光電子ピークのみのスペクトルを抽出するためには，適当な応答関数 $G(E'-E)$ を仮定して，(3.8)式を解けばよいということになる．提案されているバックグラウンドの差し引き方法には，応答関数の形に応じて，シャーリー(Shirley)法とツガード(Tougaard)法が提案されている．なお，シャーリーおよびツガードはそれぞれのバックグラウンド差し引き法を考案した個人名である．

（1） シャーリー法

シャーリー法は，バックグラウンドは，ピークを形成する電子の強度に比例して発生するが，エネルギー依存性はないということを仮定している．すなわち，(3.7)式で定義された応答関数は，シャーリー法の場合には，エネルギー損失量に依存せず一定である．

$$G(E'-E) = K \qquad (3.9)$$

したがって，バックグラウンド差し引き後のスペクトルは次式で表すことができる．

$$F(E) = J(E) - K \int_E^\infty F(E') dE' \qquad (3.10)$$

ここで，シャーリー法では，バックグラウンドを与えるのは高エネルギー側のピークであると仮定しているため，(3.10)式では(3.8)式の積分の中を $J(E')$ から $F(E')$ に変えてある．すなわち，(3.10)式はエネルギー E よりも高い位置にあるピークの面積に比例した大きさのバックグラウンドが発生するということを意味している．図3-12には，パルス状のシグナルが発生し，それに伴って，パルスの高さに応じたバックグラウンドが発生する様子を模式的に示している．

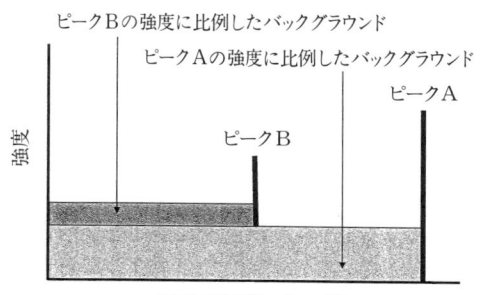

3.2 X線光電子分光法

図 3-12 シャーリー法の基準となるバックグラウンドの発生原理．ピークの強度に比例したバックグラウンドが，パルス状に発生したピークの低エネルギー（運動エネルギーとして）側に生成する．

この方法を実際のスペクトルに応用するには，バックグラウンドを差し引く範囲の低運動エネルギー側の強度と高運動エネルギー側の強度との差を，ピーク面積に応じて差し引けばよい．ピーク面積は引かれるバックグラウンドの大きさに依存するので，バックグラウンドを求めてはピーク面積比例のバックグラウンドを引き直すという繰り返し計算を行って，バックグラウンド差し引き後のピーク面積が変化しなくなったところで計算を終了する．

図 3-13 を用いて具体的な計算方法を述べる．データが等間隔 h で並んでいるスペクトルを仮定して，バックグラウンドの差し引きエネルギー範囲を E_{start}（測定点 1）から E_{end}（測定点 k）までとする．シャーリー法では，あるエネルギー（測定点：x）でのバックグラウンド $B(x)$ は，「測定点：x」より大きいエネルギーを持つピーク面積に比例するとしているから，次式で表される．

$$B(x)=(a-b)\frac{Q}{P+Q}+b \tag{3.11}$$

ここで，$P+Q$ はバックグラウンドを除去した全ピーク面積，Q はある点 x から測定点 k までのバックグラウンドを除去した面積，a は測定点 1 における強度，b は測定点 k における強度である．なお，(3.10)式の比例定数 K は $(a$

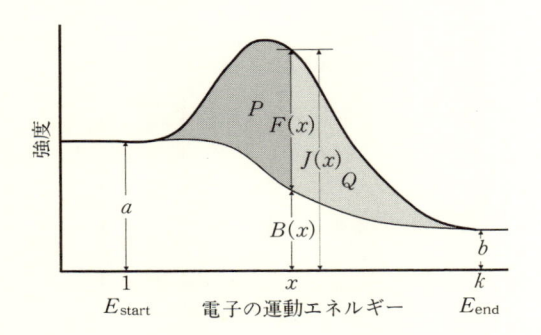

図 3-13 シャーリー法によるバックグラウンド差し引き法の(3.11)式に現れる各項の意味.

$-b)/(P+Q)$ に対応し,Q は $\int_{E}^{\infty} F(E')dE'$ 対応する.具体的な計算手順としては,第1回目は $B(x)=b$ (定数) として $P+Q$ と Q を求める.各点のスペクトル強度を $J(i)$ として,梯形の法則を用いて積分形を和の形に変えると,点 x までのピーク面積は(3.12)式で与えられる.

$$Q = h\left[\left(\sum_{i=x}^{k}(J(i)-b)\right) - 0.5((J(x)-b)+(J(k)-b))\right] \quad (3.12)$$

なお,$0.5((J(x)-b)+(J(k)-b))$ の項は,和の第1項と最終項に対する補正項である.同様に $(P+Q)$ を以下のように求める.

$$(P+Q) = h\left[\left(\sum_{i=1}^{k}(J(i)-b)\right) - 0.5((J(1)-b)+(J(k)-b))\right] \quad (3.13)$$

(3.12)式と(3.13)式を(3.11)式に代入して,第1回目の $B(x)$ を求め,仮の $F(x)$ を次式により求める.

$$F(x) = J(x) - B(x) \quad (3.14)$$

第2回目は,(3.14)式により求めた $F(x)$ を(3.12)式および(3.13)式中の $(J(x)-b)$ の代わりに用いて,$B(x)$ を求め直し,再度 $P+Q$ と Q を求める.この操作を $P+Q$ の値が一定になるまで繰り返す.

鉄の 2p スペクトル($2p_{3/2}$ と $2p_{1/2}$ に分裂している)に,束縛エネルギー 732 eV から 702 eV の間でこのバックグラウンド差し引き法を適用した例を図

3.2 X線光電子分光法

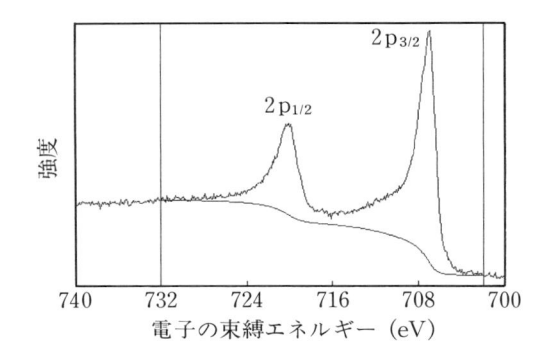

図 3-14 Fe2p（$2p_{3/2}$ と $2p_{1/2}$）スペクトルについて，束縛エネルギー 732 eV から 702 eV の範囲でシャーリー法によりバックグラウンドを求めた（スペクトルは COMPRO データベース 00001218）．

3-14 に示す．

（2） ツガード法

物理的意味に基づいて非弾性散乱によるバックグラウンドを差し引こうという方法がツガード法である．単一のエネルギーを持つ電子が試料から発生したときに，この電子のうちどれだけがどのようにエネルギーを失うかを表す関数をエネルギー損失関数と呼ぶ．この関数を数値関数で近似してバックグラウンドを差し引くのがツガード法の特徴で，比較的容易に短時間でパソコン上で計算できる．エネルギー損失関数は，通常電子線を試料に照射して弾性散乱ピークの低運動エネルギー側に現れる損失スペクトル（Electron Energy Loss Spectroscopy: EELS）の測定や，光学スペクトルにより調べられる．電子分光に適用する場合には，EELS スペクトルでは表面の効果が強調されすぎていること，光学スペクトルでは表面の効果が取り入れられていないことを考慮する必要がある．電子分光スペクトルのバックグラウンドに適用する場合には，エネルギー損失関数 $K(E-E')$ に電子の非弾性平均自由行程 λ_i を掛けると，観測される電子が失うエネルギー量が得られる．ツガードは Au，Ag，Cu などでエネルギー損失関数を比較してそれらが似通っていることから，次の式で

表される汎用関数を用いてエネルギー損失関数を見積もった.

$$\lambda_i K(E-E') = \frac{B \cdot (E-E')}{\{C+(E-E')^2\}^2} \tag{3.15}$$

この式で，パラメータ C は損失確率が最大となるエネルギー値を決めるもので，B は C とも関係しながら損失強度を決めている．いくつかの遷移金属でエネルギー損失関数の比較から，$B \sim 2866 (\mathrm{eV})^2$，$C \sim 1643 (\mathrm{eV})^2$ の値がツガードにより推奨されている．ツガード法のエネルギー損失関数 $K(E-E')$ を簡略的に図 3-15 に示す．ここで，エネルギー損失が最大となるエネルギー損失量は $\sqrt{C/3}$ eV である．$C=1643$ とすると，この値は 23 eV となり，プラズモン振動によるエネルギー損失の影響が大きいことを示している．

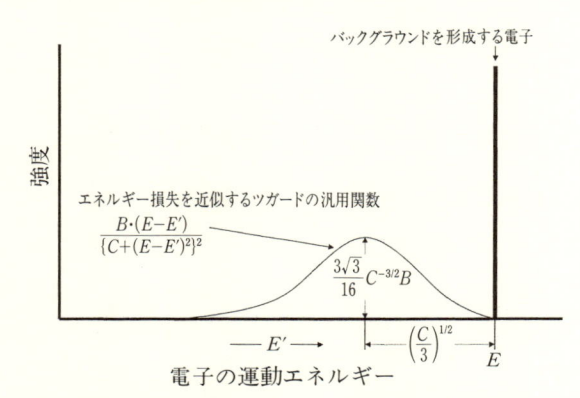

図 3-15 エネルギー損失を近似するツガードの汎用関数とパラメータ B，C との関係．

観測された強度 $I(E)$ から，バックグラウンド差し引き後のスペクトル $F(E)$ を求める方法は以下の通りである．まず，バックグラウンド差し引きのエネルギー範囲が比較的広いこと，およびバックグラウンド差し引きをする関数が明確な物理的イメージを持っていることから，観測されたスペクトル $I(E)$ はエネルギー分析器感度のエネルギー依存性で補正して，測定系による影響を除いたスペクトル $J(E)$ とする必要がある．$J(E)$ と $F(E)$ の間にはツガードの汎用関数を用いて表すと以下のような関係が成立する．

3.2 X線光電子分光法

$$F(E) = J(E) - \int_E^\infty \{\lambda_i K(E - E') J(E')\} dE' \qquad (3.16)$$

$$= J(E) - B \int_E^\infty \frac{E' - E}{[C + (E' - E)^2]} J(E') dE' \qquad (3.17)$$

この式を用いてバックグラウンドを計算することができる．

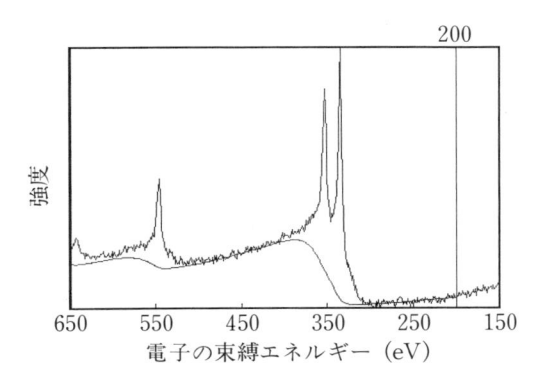

図 3-16 Au 光電子スペクトルについて，束縛エネルギー 200 eV を高運動エネルギー側として指定し，ツガード法により $B=2866$，$C=1643$ としてバックグラウンドを求めた．ここで，Au の光電子スペクトルは電子エネルギー分析器の感度のエネルギー依存性が $E^{-0.5}$ に比例すると仮定して，補正してある（スペクトルは COMPRO データベース 00001179）．

ツガード法によるバックグラウンド差し引きを Au のスペクトルに $B=2866$，$C=1643$ として束縛エネルギー 200 eV を起点として適用した例を図 3-16 に示した．この方法の特徴は，バックグラウンド差し引き範囲の高運動エネルギー側を指定すれば，バックグラウンドの形は B と C によって決まり，バックグラウンド差し引き範囲の低運動エネルギー側を指定する必要がないことである．ただし，図 3-16 の場合は，グラフ表示の都合上，低運動エネルギー側を 650 eV で打ち切っている．なお，図 3-16 のスペクトルはエネルギー分析器感度のエネルギー依存性が $E^{-0.5}$ に比例するとして補正したものを表示してある．

ツガード法では，広いエネルギー範囲にわたるバックグラウンドの差し引きができる．逆に，エネルギー損失関数の形状から，ピーク近傍のみのスペクト

ルからバックグラウンドを差し引くことは難しい．少なくともピーク値から50〜100 eV ほど高エネルギー側からバックグラウンドを差し引かなくてはならず，スペクトルの取得範囲を広くとる必要がある．

3.2.5 定量分析

図 3-8 に見られるピークはすべて Au から発生しているにもかかわらず，異なる準位からのピークの強度は異なっている．ピーク強度は，試料中に存在する原子の数だけでなく，それぞれの内殻電子が光によって真空中に放出されるレベルまで励起される確率（光イオン化断面積），光電子が固体中で散乱を受けずに移動して真空中に飛び出せる距離（減衰長さ）に依存している．試料中の元素 i からのピーク強度 I_i は簡略に表現すると次のように書ける．なお，ピーク強度とはバックグラウンドを差し引いたピーク面積である．

$$I_i = kfN_iE_D\sigma \tag{3.18}$$

ここで，k はエネルギー分析器や装置の幾何学的配置に関する定数，f は照射 X 線束（照射面積あたりの光の強度），N_i は標的となる元素 i の原子数，E_D は電子の脱出深さ，σ は $h\nu$ のエネルギーを持つ X 線によりある軌道から光電

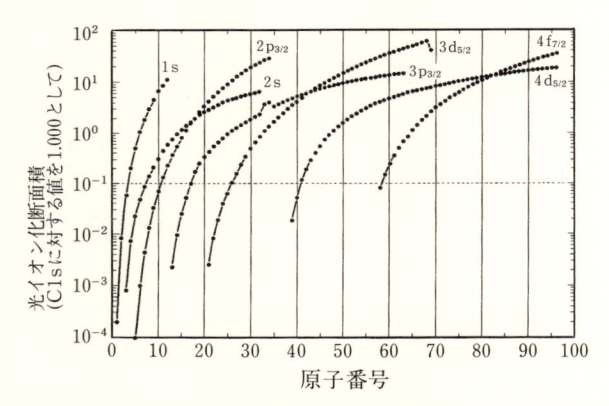

図 3-17 Scofield による光イオン化断面積の計算値（AlKα 励起に対する値を C1s＝1.000 として相対的に表示）（吉原一紘，吉武道子：表面分析入門，裳華房，p. 32（1997））．

子を放出する断面積であり，光イオン化断面積と呼ばれる．図3-17に分析によく使われる光電子のピークについて，AlKα励起に対する光イオン化断面積を，C1sを1.000として示す．HやHeの光イオン化断面積は小さく，これがXPSでHやHeの分析ができない理由である．

（1） 標準試料を用いる定量方法

定量法に関しては，オージェ電子分光法とほぼ同様であるが，若干異なる箇所もあるので，繰り返すこととする．分析対象試料の元素iの表面濃度をC_i^{unk}とすると$N_i = C_i n^{unk}$だから(3.18)式は

$$I_i = kf C_i^{unk} n^{unk} E_{Di}^{unk} \sigma \qquad (3.19)$$

ここで，n^{unk}は試料の原子密度である．なお，表面濃度とは，最表面のみではなく光電子の脱出深さに相当する厚さに含まれる組成の濃度である．元素iのみからなる純物質の表面濃度をC_i^{std}とし，n_i^{std}を原子密度とすると，元素iの純物質のピーク強度I_{std}は

$$I_{std} = kf C_i^{std} n_i^{std} E_{Di}^{std} \sigma \qquad (3.20)$$

ピーク強度比 ($K_i = I_i/I_{std}$) をとると

$$K_i = \frac{C_i^{unk} n^{unk} E_{Di}^{unk}}{C_i^{std} n_i^{std} E_{Di}^{std}} = \frac{C_i^{unk}}{C_i^{std}} n^{unk} \frac{1}{F_i} \qquad (3.21)$$

ここで，F_iはマトリックス補正係数と呼ばれ，以下のように定義される．

$$F_i = n_i^{std} \frac{E_{Di}^{std}}{E_{Di}^{unk}} \qquad (3.22)$$

したがって，

$$C_i^{unk} = C_i^{std} \frac{F_i}{n^{unk}} K_i \qquad (3.23)$$

ここで，分析対象試料の表面にはm種類の元素があるとすると，$\sum_{j=1}^{m} C_j^{unk} = 1$だから，分析対象の原子密度$n^{unk}$は以下の式を作ればキャンセルすることができる．

$$C_i^{unk} = \frac{C_i^{unk}}{\sum_{j=1}^{m} C_j^{unk}} = \frac{C_i^{std} F_i K_i}{\sum_{j=1}^{m} C_j^{std} F_j K_j} \qquad (3.24)$$

これから，測定強度比とマトリックス補正係数（脱出深さの比と標準試料の原子密度に依存する）を基に，元素濃度が推定できる．

(2) 相対感度係数を用いる定量法

ある元素の相対感度係数 a_i は，ある元素の標準試料（元素濃度 C_i^{std}）を用いて測定したピーク強度を，特定の標準試料のピーク強度（通常はフッ化リチウムの F1s ピーク強度）と比べて比とした値である．すなわち，

$$a_i = \frac{I_i^{\text{std}}/C_i^{\text{std}}}{I_F^{\text{std}}/C_F^{\text{std}}} \tag{3.25}$$

この値をすべての元素の光電子ピークについて測定すれば相対感度係数表ができあがる．本来は個々の装置で求めることが望ましいが，通常は装置メーカーの推奨値を用いている．

相対感度係数が既知であれば，m 種の元素からなら表面組成は次式により求められる．

$$C_i^{\text{unk}} = \frac{I_i^{\text{unk}}/a_i}{\sum_{j=1}^{m} I_j^{\text{unk}}/a_j} \tag{3.26}$$

3.2.6 深さ方向分析

XPS の場合も AES と同様にイオンスパッタリングにより，深さ方向に試料を削りながら分析することにより，深さ方向の組成変化に関する情報を得ることができる．しかし，XPS の場合の大きな特徴としては，試料と検出器（エネルギー分析器）の間の角度を変えることにより深さ方向の情報を変化させてスペクトルを取得することができることである．この理由は，XPS によく使われるエネルギー分析器は CHA 型の分析器（図 2-40 参照）なので，試料との間の角度を変えることが可能であるためである．AES でもエネルギー分析器の型によっては可能であるが，通常のオージェ電子分光装置ではエネルギー分析器に CMA 型を使用するために，この方法は適用できない．

電子は等方的に表面から放出されるが，検出器を置く方向によって，検出深

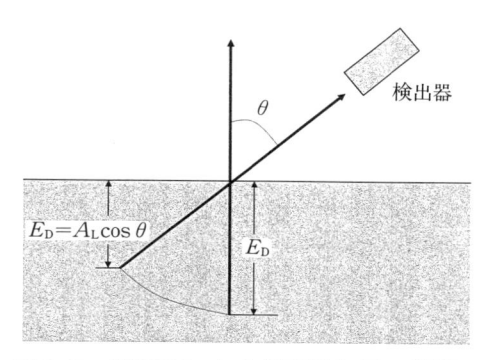

図 3-18 減衰長さ A_L と脱出深さ E_D の関係.

さが異なる．すなわち，脱出深さ（E_D）は減衰長さ（A_L）に検出器の方向（θ）を考慮したものである．この関係を模式的に図3-18に示す．

$$E_D = A_L \cos\theta \tag{3.27}$$

であるから，検出器の方向を試料表面に垂直な方向から斜め方向に変化させることにより脱出深さが小さくなり，より表面に近い情報を得ることができる．電子の減衰長さは電子のエネルギーによって異なるが，十分の数nm〜2nm位である．したがって，この範囲での組成変化を観察するには最適な方法である．これを角度分解法という．図3-19に検出角度を変えたときのSi表面のSi2pスペクトルを示す．検出角度を大きくすると，脱出深さが小さくなり，最表面の組成に敏感となり，SiO_2に起因するSiのピークが大きくなる．逆に検出器の角度を小さくすると脱出深さが大きくなり，やや深いところの情報をより強く反映してSi単体のスペクトルが顕著になる．この図から，Si最表面は酸化されており，SiO_2に覆われていることが推定できる．

いま，図3-20に示すようなBの上にFが蒸着されたような二層構造の試料を考える．Bは十分な厚さを持ち，Fは薄膜（厚さ d）とする．距離 $z=0$ のときに N_0 個発生した光電子が，ある距離 z を移動したときに，非弾性散乱されていない数 $N(z)$ は，光電子の減衰長さを A_L とし，θ を光電子の検出角度とすると

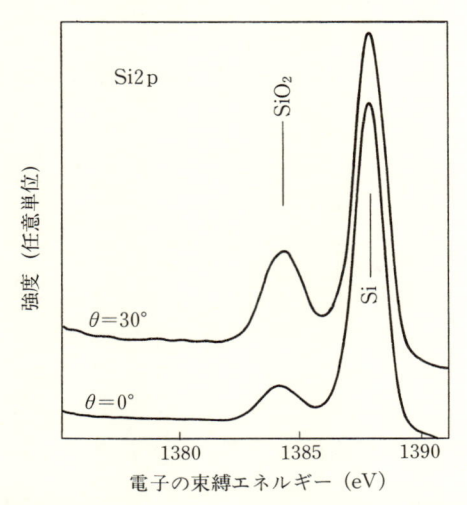

図 3-19 Si 表面の Si2p スペクトル．図中の θ の値は光電子の検出角度で，表面の法線からの角度．

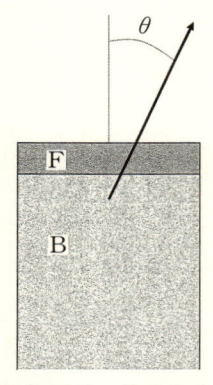

図 3-20 角度分解法における光電子の検出角度 θ と試料の関係．F と B で発生した光電子は F を通過する際に非弾性散乱されて，強度が減少する．

$$N(z) = N_0 \exp\left(-\frac{z}{A_\mathrm{L} \cos \theta}\right) \tag{3.28}$$

厚さ d の薄膜の場合は，(3.28)式を 0 から d まで積分すれば，検出器に検出

される強度 I_F が求まる．$A_{L,F}^F$ は F 中での F 電子の減衰長さ，I_F^0 は元素 F のバルク標準試料に対応する強度，X_F は薄膜層中での F 元素のモル分率とすると，

$$\begin{aligned} I_F &= \int_0^d N(z)dz = N_0 \int_0^d \exp\left(-\frac{z}{A_{L,F}^F \cos\theta}\right)dz \\ &= N_0 A_{L,F}^F \cos\theta \left[-\exp\left(-\frac{z}{A_{L,F}^F \cos\theta}\right)\right]_0^d \\ &= I_F^0 X_F \left[1 - \exp\left(-\frac{d}{A_{L,F}^F \cos\theta}\right)\right] \end{aligned} \quad (3.29)$$

ここで，

$$\begin{aligned} I_F^0 X_F &= \int_0^\infty N(z)dz = N_0 \int_0^\infty \exp\left(-\frac{z}{A_{L,F}^F \cos\theta}\right)dz \\ &= N_0 A_{L,F}^F \cos\theta \left[-\exp\left(-\frac{z}{A_{L,F}^F \cos\theta}\right)\right]_0^\infty \\ &= N_0 A_{L,F}^F \cos\theta \end{aligned} \quad (3.30)$$

一方，バルクで発生した光電子は，薄膜中では減衰するだけ（薄膜中では発生しない）なので，バルクからの強度 I_B は，$A_{L,F}^B$ を F 中での B 電子の非弾性平均自由行程，I_B^0 を元素 B のバルク標準試料に対応する強度，X_B をバルク層での B 元素のモル分率とすると，

$$I_B = I_B^0 X_B \exp\left(-\frac{d}{A_{L,F}^B \cos\theta}\right) \quad (3.31)$$

上式から I_F は光電子の検出角度 θ が大きくなるに従い増加し，I_B は逆に減少することがわかる．ここで，$A_{L,F}^F = A_{L,F}^B = A_L$ と単純化すると，強度比は次式で与えられる．

$$\frac{I_F}{I_B} = \left(\frac{I_F^0}{I_B^0}\right)\frac{X_F}{X_B}\left[\exp\left(\frac{d}{A_L \cos\theta}\right) - 1\right] \quad (3.32)$$

このとき，F の厚さ d は次式で与えられる．

$$d = A_L \cos\theta \cdot \ln\left[\left(\frac{I_B^0}{I_F^0}\right)\frac{I_F X_B}{I_B X_F} + 1\right] \quad (3.33)$$

角度分解法を用いた解析は，ごく薄い（減衰長さの 3 倍程度までの）薄膜を対象とすることが多い．

3.3 全反射蛍光 X 線分析法

固体表面に X 線を照射すると，光電子が放出され，その後に空孔が生じる．この空孔に，より外殻の電子が X 線を放出して遷移する．この放出された X 線を蛍光 X 線と呼ぶ．全反射蛍光 X 線分析法（Total Reflection X-ray Fluorescence Analysis : TXRF）は，励起源として X 線平行ビームを用いて，極低角度で表面に入射させることにより，表面に敏感にした蛍光 X 線分析法である．

3.3.1 原　　　理

原子に X 線を照射すると電子の束縛エネルギーが X 線の持つエネルギーより小さい電子は軌道から放出されて，空孔が生成する．内殻に生成した空孔に，より高準位にある電子が遷移し，その際に軌道のエネルギー差に相当する X 線を発生する．これを蛍光 X 線という．蛍光 X 線は 3.1 で述べた特性 X 線であり，元素に固有のエネルギーを持つ．この X 線のエネルギーと強度を分析することにより，定性と定量ができる．

通常の蛍光 X 線分析法では入射 X 線は試料内部まで深く侵入するため，表面の情報を分離して得ることは困難である．光は屈折率の大きい方から小さい方へ進むときに全反射[*9]が観測される．金属中での X 線の屈折率は 1 以下で

[*9] 光が高屈折率の空間から低屈折率の空間へと進むときに，入射角が臨界角を越えると全反射する．このときわずかであるが光の電場は低屈折率側にしみ出しており，これをエバネッセント波という．この光が存在するのはせいぜい入射光の波長程度（～1 μm）とごくわずかなため，エバネッセント波を使うことにより表面近傍に存在する原子の様子が調べられる．この原理を用いた分析方法が近接場顕微鏡である．近接場顕微鏡では光源としてはレーザー光が通常使われるが，ビームの径や広がりをキャピラリーで制限した X 線を光源として用い，エバネッセント波を利用して表面近傍の微量分析や構造解析も行われている．

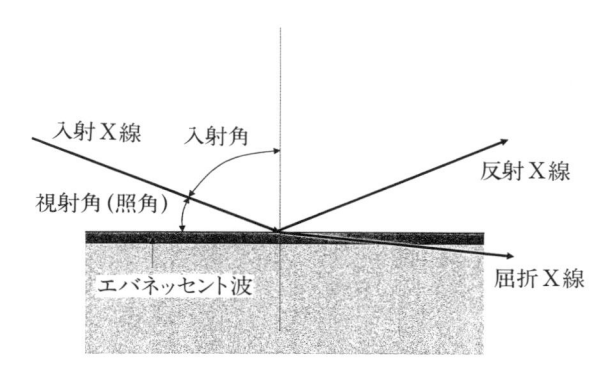

図 3-21 視射角 0.1°程度で X 線を試料表面に照射すると，ほぼすべての X 線が反射される．

空気中（屈折率は 1）より小さい．そこで，励起源として単色化された X 線の平行ビームを試料表面に対して低い入射角度で入射させて，試料表面で全反射させて蛍光 X 線を励起すると，試料表面のみの情報を得ることができる．この方法が全反射蛍光 X 線分析法である．

図 3-21 に示すように全反射条件下では入射 X 線は試料表面で鏡面反射され，検出器にはほとんど入らない．入射 X 線を全反射させるための入射角度 θ_C の条件はおよそ $\theta_C \approx 1.64 \times 10^5 \sqrt{\rho \lambda}$ である．ここで，ρ は試料あるいは試料支持台の密度（gcm^{-3}）で λ は X 線の波長（cm）である．MoKα 線の場合の θ_C はおよそ 0.104 度である．入射 X 線は全反射するため，試料上で励起する箇所は表面に限られ，バックグラウンドが通常の蛍光 X 線分析法に比べて著しく小さくなる．その結果，検出器を信号発生点にまで近づけることができ，感度を向上させることができる．

試料表面は平滑であることが望ましい．そのため，シリコンウェファ表面の汚染物質の検出に多用されている．

3.3.2 装　　置

X 線源は強度が要求され，回転対陰極あるいは封入型 X 線管（W，Mo，

Cu など）が用いられる．近年はシンクロトロン放射光が用いられることもある．X 線は分光結晶で単色化されるため，バックグラウンドが減少する．発生した X 線の計測は，通常は半導体型検出器（2.6.2（2）参照）が用いられる．なお，試料支持台は固定または高精度（角度で 10^{-3} 度程度）で制御できるものでなくてはならない．図 3-22 に装置の概念図を示す．

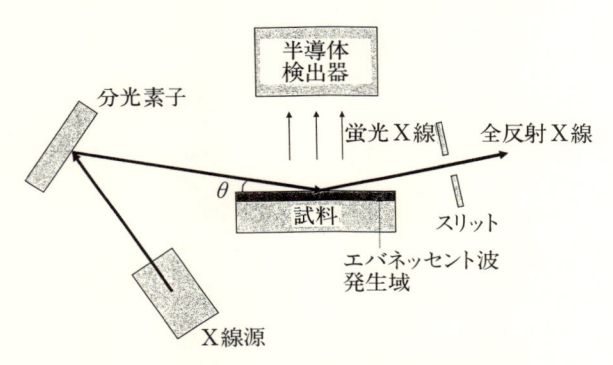

図 3-22 全反射蛍光 X 線分析法の装置構成．

3.4 X 線回折法

X 線回折法（X-ray Diffraction：XRD）は，X 線を物質に照射すると物質に特有の回折パターンが得られることを利用して構造解析する方法である．回折パターンはデータベース化されており，結晶構造を同定することができる．この方法は多くの分野で多用されているが，ここでは基本的な原理は他書に譲り，特に薄膜を対象とした X 線回折法について簡単に記述する．

3.4.1 原　　理

金属に電子線を照射すると，金属に特有なエネルギー（波長）を持った電磁波が発生する．これが X 線である．多くの金属から発生する X 線の波長は結

3.4 X線回折法

晶の格子間隔程度であるために，X線は固体により回折される．

　X線回折を理解するには，結晶学の基礎知識が必要であるが，本節では基本的な最小限の説明にとどめる．原子が規則的に並んだ結晶は，辺の長さ a, b, c とそのなす角 α, β, γ で代表される平行六面体で表すことができ，その各頂点を格子点という．立方晶の場合は $a=b=c$, $\alpha=\beta=\gamma=90°$ である．結晶の場合，格子点も規則的に並ぶ．格子点を通る面を考えると，この面には同一の規則性を持って格子点が存在する場合がある．これを格子面といい，格子面の間隔を格子間隔という．例えば，立方晶の場合の格子間隔 (d) は $1/d^2 = (h^2+k^2+l^2)/a^2$ である．ここで h, k, l はミラー指数といい，格子の原点に一番近い格子面が単位格子の各辺を a/h, b/k, c/l で切るとき，その面の指数を (hkl) と表す．同じ指数を持つ格子面は原子が同一の規則性を持って並んでいるために，格子間隔と同程度の波長のX線を照射すると回折されたX線同士が干渉を起こす．すなわち，回折されたX線のうち，ブラッグの条件 ($2d \sin\theta = n\lambda$) を満たす回折角 (θ) 方向に散乱されたX線が強め合う．ここで n は整数である．回折角は試料の格子間隔によって決まるため，回折角を測定すれば試料同定ができる．すなわち，回折X線のピーク位置 (2θ) からブラッグの条件に基づいて求めた格子間隔と，その回折角におけるピーク強度

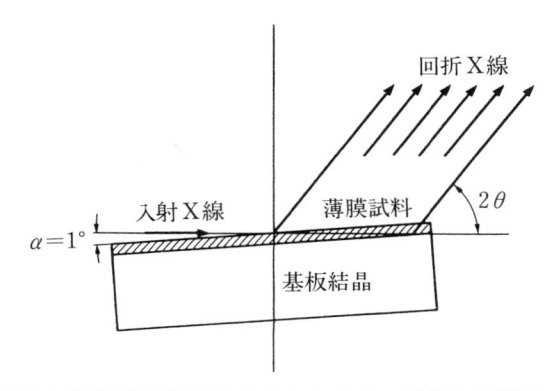

図 3-23 X線を低角度で入射することにより，基板の影響を小さくする（山中高光：粉末X線回折による材料分析，講談社サイエンティフィク，p. 171 (1993)）．

を求める.現在,数万個の粉末物質に関するX線回折パターンのセットがJoint Committee of Powder Diffraction StandardからPowder Diffraction Fileとして発行されているので,それと参照すると,物質が同定できる.

薄膜を試料としたときには,試料が薄いため,通常のXRDのように十分な回折強度が得られず,また,基板の情報が混在してしまう.そのためには図3-23のように低角度にX線を入射させ,入射角θを固定したまま検出器の2θ角度だけを走査させればよい.低角度にX線を入射させれば,X線が薄膜内を走る行路が$1/\sin\theta$倍長くなり回折強度を稼ぐことができるためである.

3.4.2 装　　置

X線回折では,回折角が重要なパラメータであるため,試料に一定の方向からX線を入射する必要がある.そのためにコリメータやスリットを用いて,細いX線や平行X線を作って試料に照射する.試料はゴニオメータと呼ばれる回転角を精密に操作できる試料台に取り付ける.試料を角度θに回転させたときに,角度2θの位置にX線検出器が移動するように設定すると,その角度で回折条件が満足されれば,回折されたX線がX線検出器で観測される.

薄膜X線回折の場合は,入射するX線もできるだけ平行な入射X線の線束を用いて回折線の発散を小さくする必要がある.そのためには平行スリットなどを用いるが,これによりX線強度が減少するので,X線源には回転対陰極X線発生装置のような強力X線発生源を使用することが望ましい.

4
イオンと固体の相互作用を利用した表面分析法

　固体表面にイオンビームを照射すると，イオンの一部は試料表面で反射する．反射したイオンのエネルギーや反射の方向を解析して，表面の構造や組成を分析する方法がイオン散乱分光法である．他のイオンは固体内部に侵入し，固体構成原子との衝突を繰り返して，周辺の固体構成原子に運動エネルギーを与える．この運動エネルギーが結晶格子の結合ポテンシャルを十分越えると，固体構成原子は中性粒子，あるいは正および負イオンのいわゆる二次イオンとして放出される．これはスパッタリングと呼ばれる．二次イオン質量分析法では，二次イオンとして放出されたイオンの質量や数を測定して表面の組成解析を行う．また，スパッタリングはオージェ電子分光法やX線光電子分光法などの際の深さ方向分析に用いられる表面研削の現象である．さらに，イオンの

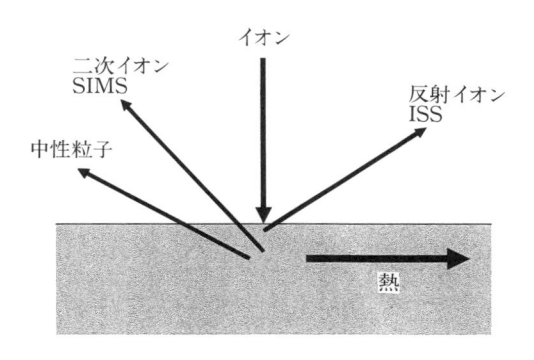

図4-1 イオンと固体表面の相互作用により発生する信号とそれを利用した表面分析法．

照射による固体構成原子の内殻の励起も生じるため，二次電子や光電子が放出されるが，この現象は一般的な表面分析にはあまり用いられない．一方，侵入したイオンはエネルギーを失って，最初のエネルギーに依存した深さに止まる．これを利用した表面改質法はイオン注入法と呼ばれる．なお，イオンの散乱で回折効果が得られない主な理由はイオンの固体内での平均自由行程は同じエネルギーの電子に比べて著しく小さいため（1 MeV の電子の平均自由行程は 150 nm 程度であるのに対し，同じエネルギーの水素イオンでは 1 nm である），イオンが固体内原子により十分な干渉を受けるだけの距離を移動することができないためである．図 4-1 にイオンと固体の相互作用について模式的に示す．

4.1 イオンビームの発生方法

イオンは，気体分子に電子を衝突させることで発生できる．イオン源として

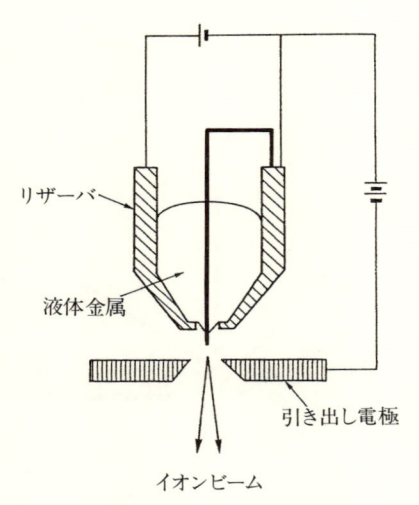

図 4-2 液体金属イオン源の発生原理（一村信吾：第 29 回表面分析基礎講座，日本表面科学会，p.7（2000））．

4.1 イオンビームの発生方法

　最も簡単な構造を持つものは，電離真空計型と呼ばれるもので，フィラメントとグリッド，およびイオン引き出し用電極とで構成される．フィラメントからグリッドに向かって加速される電子が，その飛行途中でガス分子に衝突しイオン化する現象を利用する方式で，引き出せる電流密度は一般に小さい．

　これを改善する目的で，気体分子の電離密度を上げた様々なプラズマ型イオン源も利用されている．電離空間に直流または高周波電界を加えて電子を加速する放電型プラズマイオン源と，あらかじめ加速した高速の電子ビームを電離空間に注入する電子ビーム注入型イオン源がある．

　局所分析に適したマイクロビーム化の観点では，電界電離型イオン源の一種である液体金属イオン源の利用が進んでいる．図4-2は液体金属イオン源によるイオンの引き出し原理を模式的に示したものである．液体となった金属に強い電界を印可すると，電位勾配で液体金属が引っ張られ，表面張力との兼ね合いで細い針状（先端の曲率半径：数百 nm）になる．この先端からイオンが引

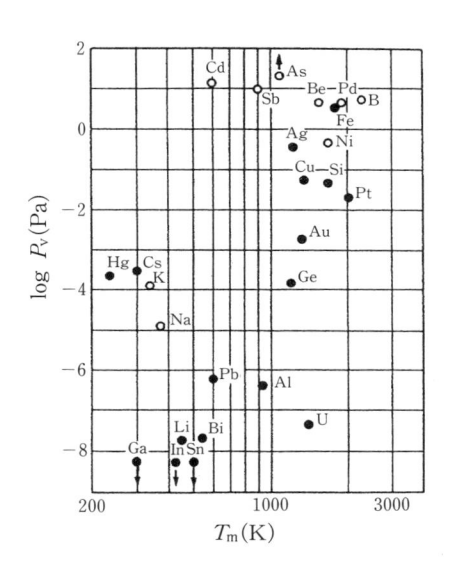

図 4-3　液体金属イオン源用イオン種の融点 T_m と蒸気圧 P_v，●：単体金属，○：合金（一村信吾：第29回表面分析基礎講座，日本表面科学会，p. 7（2000））．

き出されるため，数十 nm 以下に集束されたイオンビームが得られる．

　液体金属イオン源に使えるイオン種は融点と蒸気圧が低い特性を持つ必要がある．図 4-3 はこれまでイオン種として利用されている金属の特性を示したもので，Ga，In，Sn などの金属が望ましい特性を有していることがわかる．分析装置には Ga イオンビームがよく使われる．

4.2　イオン散乱分光法

　イオン散乱分光法（Ion Scattering Spectroscopy：ISS）は一定エネルギーのイオンの平行ビームを試料表面に入射し，散乱されたイオンのエネルギースペクトルをある方向で測定し，表面の組成や構造に関する情報を得る方法である．照射するイオンのエネルギーが keV 程度の場合は，低エネルギーイオン散乱分光法（Low Energy Ion Scattering Spectroscopy：LEIS），100 keV 程度の場合は中エネルギーイオン散乱分光法（Medium Energy Ion Scattering Spectroscopy：MEIS），MeV の領域ではラザフォード後方散乱分光法（Rutherford Backscattering Spectroscopy：RBS）または高エネルギーイオン散乱分光法（High Energy Ion Scattering Spectroscopy：HEIS）という．入射イオンのエネルギーによって得られる情報が異なる．

4.2.1　原　　理

　固体表面に入射した質量 M_1 のイオンは標的原子と衝突するが，一般にその運動エネルギーが M_1 keV 以下（例えば He イオンならば 4 keV 以下）では弾性衝突が支配的であることが知られている．したがって，ISS で取り扱うイオンの散乱過程は古典的な二つの粒子の弾性衝突で近似できることになる．図 4-4 に示すように，入射粒子のエネルギーを E_0，質量数を M_1 とし，表面の原子の質量数を M_2 とする．衝突前の入射粒子の速度を v_0 とし（衝突前には表面原子は静止している），衝突後，散乱された粒子は v_1 の速度で，散乱角 θ

4.2 イオン散乱分光法

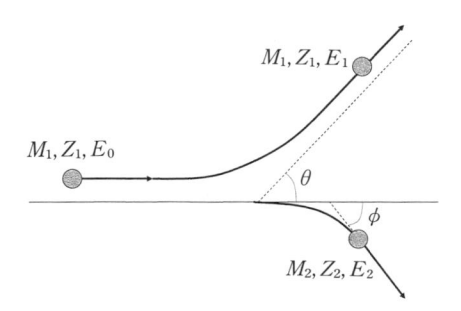

図 4-4 弾性衝突の模式図．

の方向へ，一方，表面原子は v_2 の速度で，散乱角 ϕ の方向に動くとすると，エネルギーと運動量の保存則から，次式が成立する．

$$(1/2)M_1v_0^2 = (1/2)M_1v_1^2 + (1/2)M_2v_2^2 \tag{4.1}$$

$$M_1v_0 = M_1v_1\cos\theta + M_2v_2\cos\phi \tag{4.2}$$

$$0 = M_1v_1\sin\theta + M_2v_2\sin\phi \tag{4.3}$$

これらの式より入射粒子の衝突前後のエネルギー比 k が次式で与えられる．

$$k = \frac{E_1}{E_0} = \left(\frac{v_1}{v_0}\right)^2 = \left\{\frac{M_1\cos\theta \pm (M_2^2 - M_1^2\sin^2\theta)^{1/2}}{M_1 + M_2}\right\}^2 \tag{4.4}$$

ここで，E_1 は散乱した後の入射粒子のエネルギーである．なお，$M_2/M_1 \leqq 1$ のときは $+$，$-$ 両号が可能であるが，$M_2/M_1 > 1$ のときには

$$M_1\cos\theta - (M_2^2 - M_1^2\sin^2\theta)^{1/2} < 0 \tag{4.5}$$

となる（すなわち，速度 v_1 が負となる）ため，(4.4)式の「$-$」符号は実現されず，複合記号は「$+$」のみをとる．

一方，標的原子もエネルギーを受けて動き出す．標的原子が動き出すときのエネルギー E_2 も同様に求めることができる．

$$\frac{E_2}{E_0} = \frac{4M_1M_2}{(M_1+M_2)^2}\cos^2\phi \tag{4.6}$$

標的原子のエネルギーを測定することは，入射イオンの質量よりも標的原子が小さいとき，すなわち，H，C，O などの軽元素の分析に用いられるが，あま

り一般的ではないので，本書では取り扱わない．

したがって，E_0，M_1 は既知であるから，試料が n 種類の元素 A，B…からなるとき，一定の方向 (θ) で，散乱してきたイオンのエネルギーを測定すると構成元素に対応して，一般に n 本のピークが出ることになる．それらのピーク位置から(4.4)式により，元素の M_2 が求められる．

イオン散乱分光法は照射するイオンのエネルギーによって，得られる情報が異なる．低エネルギーイオン散乱分光法（LEIS）では，表面最外層の構造や組成の情報が得られる．ラザフォード後方散乱分光法（RBS）（高エネルギーイオン散乱分光法（HEIS）とも呼ぶ）は表面最外層から 1 μm 程度までの深さまでの領域を調べる情報として広く用いられている．

MeV 程度のイオンの速度は $10^{10} \sim 10^{11}$ m/sec 程度で，原子に束縛されている電子の速度（10^{10} m/sec 以下）より速いので，高速で移動するイオンにとって，電子は静止して見えている．したがって，イオンが原子に衝突した際に

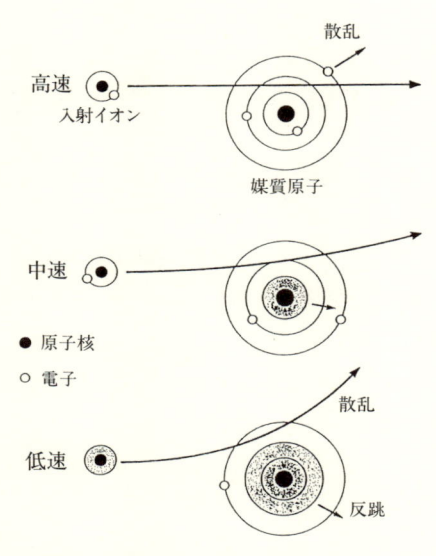

図 4-5　イオンと原子の相互作用（越川孝範：第 29 回表面科学基礎講座，日本表面科学会，p. 201（2000））．

4.2 イオン散乱分光法

は，電子の寄与はほとんどなく，裸の原子核により散乱されると考えてよい．一方，イオンのエネルギーが低くなると，電子の速度よりもイオンの速度が遅くなり，イオンから見ると電子は雲のように原子核を覆うために，イオンは電子雲により散乱される．なお，電子の速度は，原子核に近い軌道の方が大きいため，イオンの速度によっては，外側の軌道にある電子は静止し，内側の軌道の電子が雲のように広がっているように見え，イオンは内側の軌道の電子によって散乱される．この挙動を模式的に図4-5に示す．なお，中エネルギーイオン散乱分光法（MEIS）はRBSのエネルギー分解能を高めたものであり，衝突挙動は原理的にはRBSと同じなので，本項では区別しない．

エネルギーの違いにより，イオンが散乱される様子をシミュレーションで計

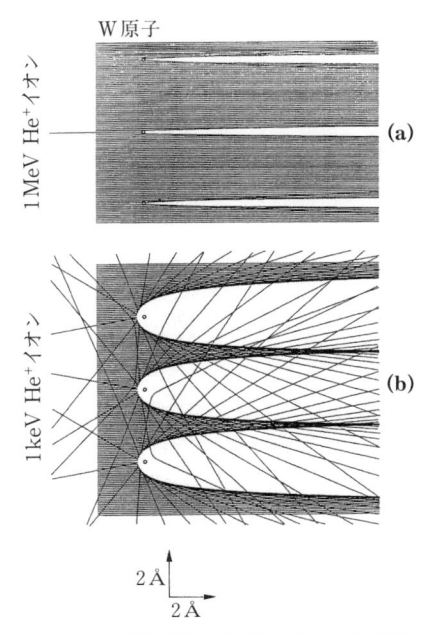

図4-6 タングステンの一次原子列に垂直方向から入射したヘリウムイオンの散乱軌道の計算機シミュレーション結果，(a)と(b)は入射イオンのエネルギーが異なる（隣接W原子間距離は3.16Å）（日本表面科学会編：表面科学の基礎と応用，フジテクノシステム，p.246 (1991)）．

算した結果が図 4-6 である．これは W(100)面の表面最外層原子が 3 個（隣接原子間距離は 3.16Å）並んでいるところに，1 keV および 1 MeV の He イオンを入射させた際のイオン軌道を計算機で描いたものである．1 MeV のイオンは表面原子と衝突する確率は非常に小さく，大部分のイオンはほぼ直進して内部に侵入することがわかる．一方，1 keV のイオンは表面原子で散乱される割合が大きく，したがって，方向が大きく曲げられて多数回の散乱を起こし，内部には侵入しにくいことがわかる．さらに，標的原子の後方にはイオンが侵入できない円錐状の影が大きさは異なるものの，いずれのエネルギーでも生じていることがわかる．この影はシャドーコーンと呼ばれている．

4.2.2 ラザフォード後方散乱分光法

ラザフォード後方散乱分光法（Rutherford Backscattering Spectroscopy：RBS）は H や He のような軽元素のイオンを高速に加速し固体に衝突させ，固体内の原子核により弾性衝突し後方に散乱された入射イオンのエネルギーを測定することにより固体内の元素の情報と深さ方向分布に関する情報を得る方法である．この方法は，表面から μm オーダーの深さの分析を非破壊的に行えるという特徴がある．なお，その際の深さ方向の分解能はおよそ数十 nm 程度である．また，Li 以上の元素に関して標準試料を用いずに定量分析することが可能である．さらに測定は迅速であり，結晶性の評価ができるなどの特徴を持っており，特に，薄膜のキャラクタリゼーションに多用されている．なお，RBS を高エネルギーイオン散乱分光法（High Energy Ion Scattering Spectroscopy：HEIS）と呼ぶこともある．

（1）原　　理

図 4-4 において，静止している原子（原子番号：Z_2，質量：M_2）にイオン（原子番号：Z_1，質量：M_1）がエネルギー E_0 で入射して角度 θ 方向に散乱されるとする．RBS の速度領域では，イオンの速度が電子の速度より十分大きいと見なすことができるため，電子の寄与は考えないとすると，相互作用のポ

テンシャルは原子核の電荷によるクーロンポテンシャルのみを考えればよい．クーロンポテンシャルは次式のように記述できる．

$$V(r) = \frac{Z_1 Z_2 e^2}{r} \tag{4.7}$$

ここで，r はイオンと原子間の距離，e は単位電荷である．これから，イオンが原子に最も近づける距離 b（衝突径と呼ばれる）は以下のように見積もることができる．

$$b = \frac{Z_1 Z_2 e^2}{E_0} \tag{4.8}$$

2 MeV の He（$Z_1=2$）が Si（$Z_2=14$）に衝突する場合を考えると，$e^2=14.4$ eV・Å なので，およそ，b は 2×10^{-4} Å である．結晶の格子定数は数 Å であることを考えると，衝突径は非常に小さいことがわかるであろう．すなわち，RBS の場合，入射するイオンは固体表面から衝突せずに内部深くまで侵入しうることがわかる．固体内部で原子に衝突し，後方に散乱されたイオンのエネルギー E_1 は(4.4)式を用い，符号の取り方に際しては $M_1 < M_2$ に注意して，$\theta = 180°$ とおけば，

$$E_1 = kE_0 = \left(\frac{M_2 - M_1}{M_1 + M_2}\right)^2 E_0 \tag{4.9}$$

となる．すなわち k は M_2 によって決定されるため，反射してきたイオンのエネルギーを測定すれば，元素の同定ができるということになる．

これまでの議論では無視してきたが，後方に散乱されたイオンは主として電子との衝突によってエネルギーを失う．固体中を進むイオンに対しては，電子は弱いブレーキの作用を及ぼし，徐々にイオンを減速させる．単位距離あたりのエネルギー損失は阻止能（stopping power）と呼ばれ，固体の構成原子やイオンのエネルギーによって異なるが，およそ数 eV/nm である．したがって，入射イオンが表面から距離 t を進んで散乱されるとすると，散乱直前のエネルギーは

$$E = E_0 - \int_0^t \frac{dE}{dx} dx \approx E_0 - \left(\frac{dE}{dx}\right)_{E_0} t \tag{4.10}$$

同様に，後方散乱後，固体の外に飛び出してきたイオンのエネルギー E_{1t} は

$$E_{1t} = kE - \int_0^t \frac{dE}{dx} dx \approx kE - \left(\frac{dE}{dx}\right)_{kE_0} t = kE_0 - [S]t \qquad (4.11)$$

ここで，$[S]$ は後方散乱因子（backscattering factor）と呼ばれ，次式で定義される．

$$[S] = k\left(\frac{dE}{dx}\right)_{E_0} + \left(\frac{dE}{dx}\right)_{kE_0} \qquad (4.12)$$

すなわち，深さ t に応じて低エネルギー側に $\Delta E = [S]t$ だけずれる．したがって，この出射イオンのエネルギーが kE_0 からどれほど低下したかを測定すれば，膜厚が測定できる．阻止能の大きさはイオンのエネルギーに依存し，エネルギーの増加とともに急速に増加し，1 MeV 付近で飽和し，それ以上のエネルギーでは徐々に減少する．したがって，RBS でよく使われる 1 MeV 付近では阻止能が大きく，かつエネルギー依存性が小さいため，精度よく深さ方向の分析ができる．深さ方向の分解能 δt は，次の式で与えられる．

$$\delta t = \frac{\delta E}{[S]} \qquad (4.13)$$

ここで，δE はイオン検出器のエネルギー分解能であり，通常の RBS 装置では 10 keV 程度である．表面への垂直の入・出射では $[S]$ はおよそ 1 keV/nm 程度なので，δt は 10 nm 程度となる．ただし，斜め入・出射にすれば，精度をもう 1 桁程度向上させることができる．

(2) RBS のスペクトル

表面層に 2 種以上の元素が存在しており，元素の分布深さが，深さ方向の分解能（δt）以下の場合には，(4.9)式に基づいて，重い元素ほど高エネルギー側にピークが現れる．ピーク強度は照射部分に存在する原子数に，散乱断面積を乗じた値に比例する．ここで，散乱断面積は(4.8)式で求められる衝突径 b の 2 乗に比例するので，ピーク強度は原子の濃度に比例するとともに，原子番号の 2 乗に比例することになる．したがって，重元素ほど感度が高い．

ピークが出現するエネルギーをエッジと呼ぶ．元素の分布深さが深さ方向の分解能（δt）以上の場合には，エッジから低エネルギー側にピークが広がって

4.2 イオン散乱分光法

台形状になる．ただし，深さ方向の分布が一定であっても，台形の高さは低エネルギー側で次第に高くなる．これは，深いところでの散乱は阻止能により(4.10)式に従って，入射イオンのエネルギーが小さくなり，それに伴い散乱断面積が増加するからである．また，表面が異種物質に覆われたときには，下地元素のエッジの出現エネルギーは(4.11)式に従って，低エネルギー側にシフトする．

図4-7にSi(99%)-Au(1%)合金とSiにAuを100 nm蒸着した試料に関するRBSスペクトルを模式的に示す．Si(99%)-Au(1%)の合金の場合，原子番号が大きいAuのエッジはSiのエッジが出現するよりも高エネルギー側に出現する．また，Auピーク，およびSiピークの台形も低エネルギー側が高くなっている．SiにAuを蒸着した試料の場合には，Auのエッジは表面にあるために，(4.7)式で予測されるエネルギー位置に出現する．Au膜は100 nmの厚みがあり，それよりも深いところでは入射イオンはAuには散乱され

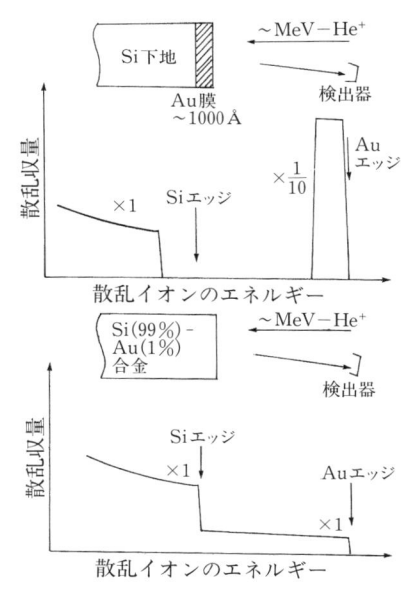

図4-7 RBSスペクトルの模式図（日本表面科学会編：表面科学の基礎と応用，フジテクノシステム，p.262 (1991)）．

ない．したがって，台形は幅 ΔE を持つ．すなわち，Au 膜の膜厚 t は

$$t=\Delta E/[S] \tag{4.14}$$

により求まる．Si のエッジのエネルギーは，Au 膜の存在により，(4.11)式に従って，低エネルギー側にシフトする．出現した台形の高さは低エネルギー側が高くなる．

(3) 装　　置

装置は図 4-8 に示すように，おおよそイオン源，加速器，分析室，検出器，データ処理部から構成される．He か H_2 の気体を電離させることにより，イオンを発生させる．加速器には静電発電器（ヴァン・デ・グラフ）型がよく使われている．これはベルト起電器で静電的に高電圧を発生させ，その電極間にイオンを走らせて加速する装置であり，10 MeV 程度まで加速することができる．加速器では 1～2 MeV まで He か，あるいは H イオンを加速し，直径 mm オーダー，電流量が 1 nA 程度のビームとして固体表面に照射する．試料はゴニオメータに取り付けて分析室に設置し，検出器には半導体検出器を用いている．半導体検出器では，入射するイオンのエネルギーに比例した数の電子–空孔のペアが生成するので，生成した電子を電極に集めて電圧パルス信号として計測する．市販の半導体検出器のエネルギー分解能はおよそ 10 keV 程度である．検出器から出た電圧パルスはパルス高アナライザー（マルチチャネ

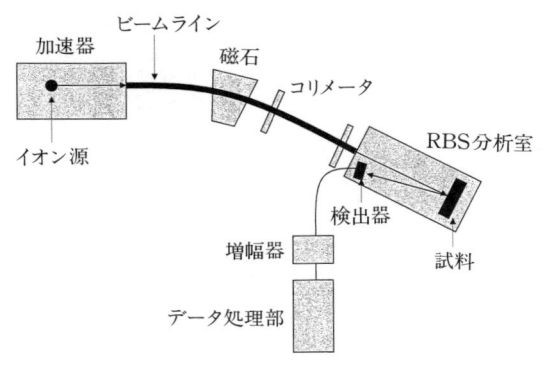

図 4-8　RBS 装置の模式図．

ルアナライザー）で，パルスをその高さ（すなわち散乱イオンのエネルギー別）に分けてチャネルに蓄積表示する．

4.2.3 低エネルギーイオン散乱分光法

低エネルギーイオン散乱分光法（Low Energy Ion Scattering Spectroscopy : LEIS）は一定エネルギーの低エネルギー（数百～数 keV）イオンの平行ビームを試料表面に入射し，散乱されたイオンのエネルギースペクトルをある方向で測定する方法である．この方法を用いると，きわめて表面に敏感に元素分析ができ，また原子配列の解析を容易に行うことができる．なお，低エネルギーイオン散乱分光法は，単にイオン散乱分光法（ISS）と省略して呼ばれることが多い．

（1） 原　　理

入射イオンのエネルギーが小さいと，入射イオンは表面原子で散乱される割合が大きく，方向が変えられ内部には侵入しにくい．通常の ISS が表面最外層に大きな感度を有している大きな理由は，散乱の際のイオンの中性化現象にある．すなわち，表面最外層で一回散乱されるイオンのみがイオンとして生き残る確率を持っており，内部で散乱されたものは多重散乱を経て再び表面の外に飛び出す際にほとんど中性化されてしまう．このため正電偏向型エネルギー分析では表面で一回散乱されたイオンが主な信号となり，結局表面感度が高くなる．

図 4-9 に Au 表面に 1 keV の He^+ および Ne^+ イオンを垂直入射させ，散乱角 $\theta_L=146°$ で測定した ISS スペクトルを示す．(4.4)式で予測されたエネルギー位置に Au 原子からの散乱ピークが現れている．なお，極低エネルギー側のピークは二次イオンによるものでイオン散乱では取り扱わない．

ISS では，表面組成以外に表面の構造に関する情報が得られる．図 4-10 に示すように，原子番号 Z_1，質量 M_1 のイオンがエネルギー E_0 で，原子番号 Z_2，質量 M_2 の原子に衝突し，θ の方向に散乱されるとする．このときイオン

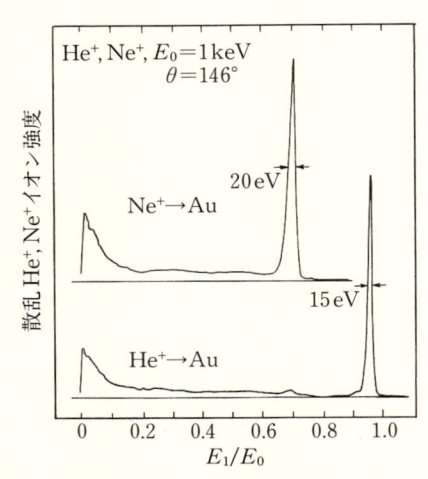

図4-9 イオン衝撃により清浄化した Au 多結晶試料の ISS スペクトル（日本表面科学会編：表面科学の基礎と応用，フジテクノシステム，p. 247 (1991))．

$E_0 = 1\,\text{keV}$ の He^+ および Ne^+ イオンにより $\theta = 146°$ で測定したもの．E_1 は散乱後のイオンのエネルギー．

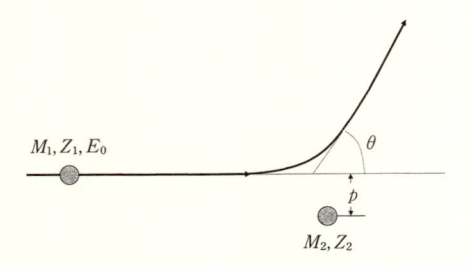

図4-10 原子核によるイオンの散乱．

の進行軸は標的原子の中心から p（これを衝突パラメータと呼ぶ）だけ離れているとすると，p と θ の関係には，衝突粒子間に逆二乗の力が働く場合を考えた古典力学により，次式が成立する．

$$\tan\frac{\theta}{2} = \frac{Z_1 Z_2 e^2}{2E_0 p} \equiv \frac{b}{2p} \tag{4.15}$$

4.2 イオン散乱分光法

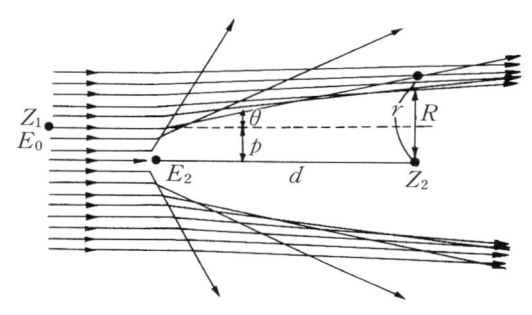

図 4-11 2個の原子によるイオンビームの散乱（日本表面科学会編：表面科学の基礎と応用，フジテクノシステム，p. 263 (1991)）．

ここで，e は素電荷，b は(4.8)式で定義される衝突径である．図4-5に示したように，標的原子の後方にイオンが侵入できない円錐状の領域（シャドーコーン）がある．図4-11に示すように，距離 d だけ離れている2個の原子に，イオンビームが結合方向に平行に入射する場合を考える．一番目の原子による散乱は，衝突パラメータを p とし，θ が大きくないとすると，

$$\tan\frac{\theta}{2} \approx \frac{\theta}{2} \approx \frac{Z_1 Z_2 e^2}{2 E_0 p} \tag{4.16}$$

イオンと2番目の原子との距離 r は

$$r = p + d \tan\theta \tag{4.17}$$

$$\approx p + \frac{Z_1 Z_2 e^2 d}{E_0 p} \tag{4.18}$$

r の最小を与える p の値は $dr/dp=0$ から $p=(Z_1 Z_2 e^2 d/E_0)^{1/2}$ となり，そのときの r の最小値 R は次式で与えられる．これをシャドーコーン半径と呼ぶ．

$$R = 2\sqrt{\frac{Z_1 Z_2 e^2 d}{E_0}} \tag{4.19}$$

Si に 100 keV のエネルギーの He イオンを衝突させたときのシャドーコーン半径の大きさは，$Z_1=2$, $Z_2=14$, $e^2=14.4$ eV·A, $d=4$Å とすると，$R=2.5$Å となる．すなわち，標的原子の大きさ程度の影が後方にできることを示している．これを利用して，表面構造を求めることができる．その様子を模式的に図4-12に示す．図4-12の(a)は，表面のA，B両原子から90°方向に散

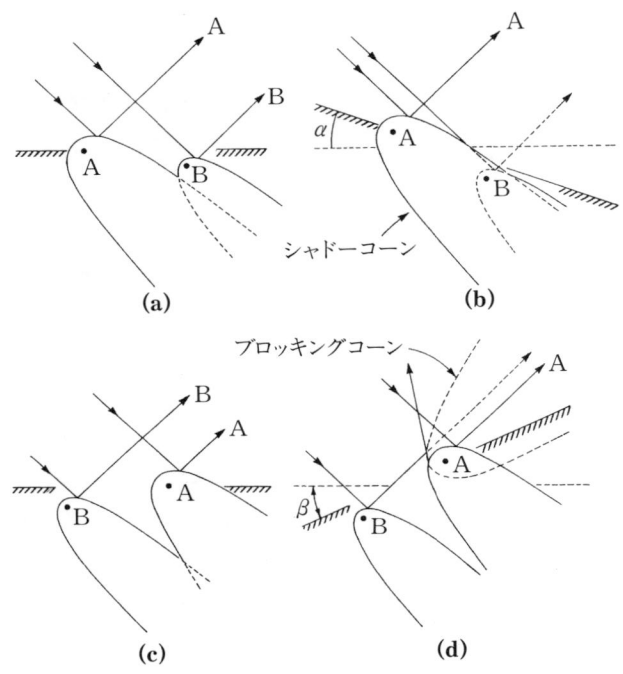

図 4-12 シャドーイング効果(b)とブロッキング効果(d)（日本表面科学会編：表面科学の基礎と応用，フジテクノシステム，p. 250 (1991)）．

乱されたイオンがいずれもエネルギー分析器により観測されている例を示す．この状態から試料を角度 α だけ回転して，図 4-12 の(b)にすると，B 原子は A 原子後方に形成されるシャドーコーン内に位置することになるので，B 原子にはイオンが衝突せず，B 原子による散乱は起こらない．これをシャドーイング効果という．一方，A，B 両原子からの散乱イオンが検出されている図 4-12(c)の状態から角度 β だけ回転した状態(d)を考える．このときは A 原子からの散乱イオンはそのまま検出されるが，B 原子により散乱されたイオンは A 原子により再び散乱され検出されない．すなわち，B 原子に散乱されたイオンは，B 原子に散乱された方向に，図中の破線で示すような A 原子による新たなシャドーコーンができている．これをブロッキングコーンといい，こ

の効果によりB原子により散乱されたイオンが検出されなくなる現象をブロッキング効果という．このシャドーイング効果とブロッキング効果により，着目している原子からの散乱強度は入射角，方位角，散乱角などの変化に応じて大きく変化するので，これを利用して表面最外層の原子の種類や定性的な構造を解析できる．

例として，TiC(111)表面に吸着したO原子の位置を解析した例を示す．TiCはNaCl構造をしており，その(111)表面にはTi原子の層が露出している．この表面に酸素を単層吸着させて，Tiのピーク強度がイオン入射角と表面とのなす角αによってどのように変化するかを測定した結果が図4-13である．図には[$\bar{1}2\bar{1}$]アジマス方向[*10]と[$1\bar{2}1$]アジマス方向についての結果が示してある．図からわかるように，[$\bar{1}2\bar{1}$]アジマス方向ではαが27.5°以下で，[$1\bar{2}1$]アジマス方向ではαが48.6°以下で，吸着したOによるシャドーイング効果が生じ，Tiのピークが検出されなくなることがわかる．O原子によるシャドーコーンの形状をあらかじめ計算で求めておけば，Oの吸着位置は図4-14のような作図から推定することができる．

（2）装　　置

通常のISS装置の基本構成は図4-15に示すように，イオン源，質量分析器，試料ホルダー，静電偏向型エネルギー分析器からなる．低エネルギーイオンビーム源は，一定のエネルギー（数百～数keV）のHe^+やNe^+などの希ガスの平行ビームである．希ガスイオンの場合には，エネルギー幅が小さく，かつ簡単な構造で数十nA程度のイオン電流を得られることなどから，電子衝撃型のイオン源が用いられる．イオン源では必要なイオン以外に残留ガスイオンや多価イオンがあるため，これらを除去するために質量分析器を通過させる．試料ホルダーは，3軸回転ができる．また，エネルギー分析器も散乱角を変えた実験ができるように，試料の周りで回転できるようにしておく．もともと散乱スペクトルのエネルギー幅はそれほど狭くないため（15～30 eV），静電偏

[*10] 試料表面に沿った方向をアジマス方向という．なお，アジマス角は試料表面内の回転角である．

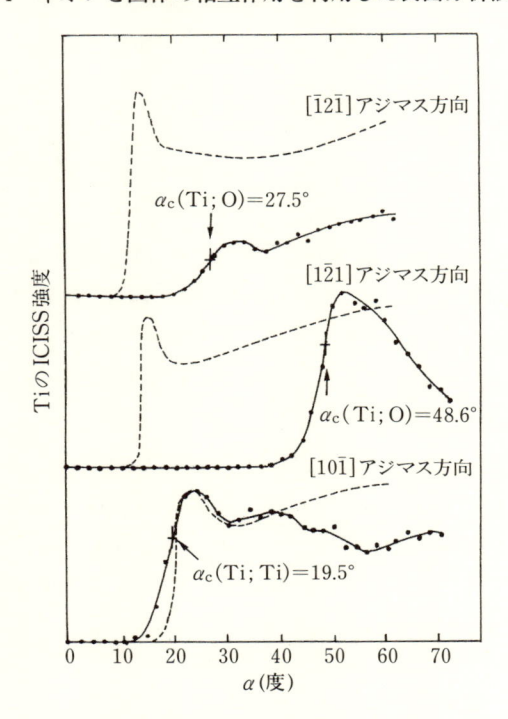

図 4-13 TiC(111)1×1-O 表面の ICISS（Impact Collision Ion Scattering Spectroscopy の略号，散乱角を 180° またはその近傍にとる特殊化した ISS）における，Ti に基づくピーク強度の α（イオン入射方向と表面とのなす角）依存性（日本表面科学会編：表面科学の基礎と応用，フジテクノシステム，p. 584（1991））．

　測定は三つの方向 $[\bar{1}2\bar{1}]$，$[1\bar{2}1]$，$[10\bar{1}]$ において行われた．比較のために，清浄 TiC(111)1×1 表面についての同様の測定結果が破線で示されている．吸着 O 原子によって表面の Ti 原子が隠されるシャドーイング効果が起こり始める臨界角 α_c が，図中に矢印で示されている．

向型分析器のエネルギー分解能は特に高い必要はなく，通常は CMA 型や CHA 型のエネルギー分析器（2.7.3(2)参照）が多く用いられる．

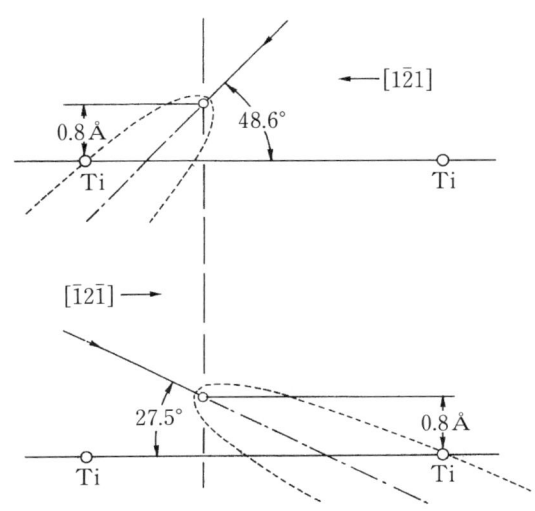

図 4-14 図 4-13 の ICISS の測定結果から，TiC(111) 表面上の吸着 O 原子の位置を求める図（日本表面科学会編：表面科学の基礎と応用，フジテクノシステム，p.584（1991））．

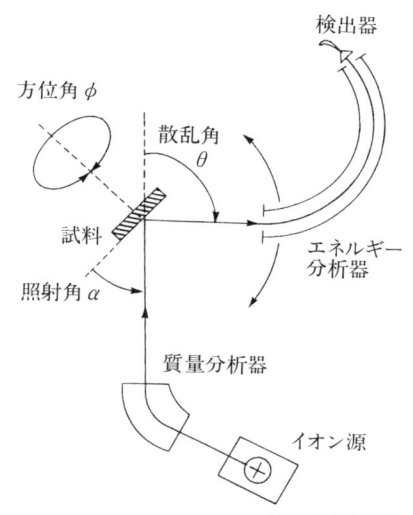

図 4-15 ISS 装置の基本構成図（日本表面科学会編：表面科学の基礎と応用，フジテクノシステム，p.252（1991））．

4.3 二次イオン質量分析法

二次イオン質量分析法（Secondary Ion Mass Spectrometry：SIMS）は固体表面に質量分離されたArや酸素またはCsイオン（一次イオン）を照射し固体表面からスパッタリングによって放出される元素のうちイオン化されたもの（二次イオン）の質量を分析することにより表面の組成分析を行う方法である．この方法は，AESやXPSと比べると，検出感度が高い，元素識別能が高いという特徴がある．このため，半導体中の微量分析などに多用されている．

4.3.1 原　　理

固体表面に高速（1～20 keV）のイオン（一次イオン）を照射すると，イオンビームによる衝撃により，表面にある固体構成原子が放出される．放出された粒子の大部分は中性粒子であるが，放出された粒子の一部（通常は1％以下）は正または負にイオン化されており，二次イオンと呼ばれる．この現象をスパッタリングという．スパッタリングと同時に，イオン励起により二次電子や光子が放出される．一次イオンの一部は固体表面で反射するが，他は固体内に侵入し，固体構成原子との衝突を繰り返し，周辺の原子に運動エネルギーを与える．その運動エネルギーが結晶格子のポテンシャル壁（金属では5～25 eV）を越えるに十分なときには，原子は格子点からはじき出される．これをノックオン効果という．一方，ノックオン効果により変位を受けた原子のうち表面近傍の原子は外部に放出される．これもスパッタリングである．逐次エネルギーを失いつつ試料中に侵入した一次イオンは，試料内でそのエネルギーを失い，一次イオンのエネルギーに対応した一定の深さで止まる．SIMSでは，中性粒子放出，二次イオン放出現象を利用して組成解析を行う．

（1） 一次イオンの固体内への侵入

イオン照射を受けて固体内に形成されるイオンと固体構成原子の衝突挙動は，原子間ポテンシャルを仮定したモンテカルロシミュレーションにより計算できる．図4-16の(a)，(b)は多結晶銅に4 keVのエネルギーで打ち込んだ10個のArイオン(a)とそれらのArイオンにより弾き飛ばされた銅原子(b)の軌跡，および(c)は多結晶銅に4 keVのエネルギーで打ち込んだ50個のArイオンにより試料外に放出された銅原子の軌跡を示す．このシミュレーションから入射Arイオンの侵入深さは数nm程度であり，入射イオン1個あたり数十個の固体構成原子が叩き出され，そのうち数個の原子が1 nm以下の表面から放出される．すなわち，二次イオンの脱出深さは約1 nm程度ということができる．ただし，図4-16(c)からわかるように，イオンの照射点から数nm離れた箇所からも粒子は放出される．

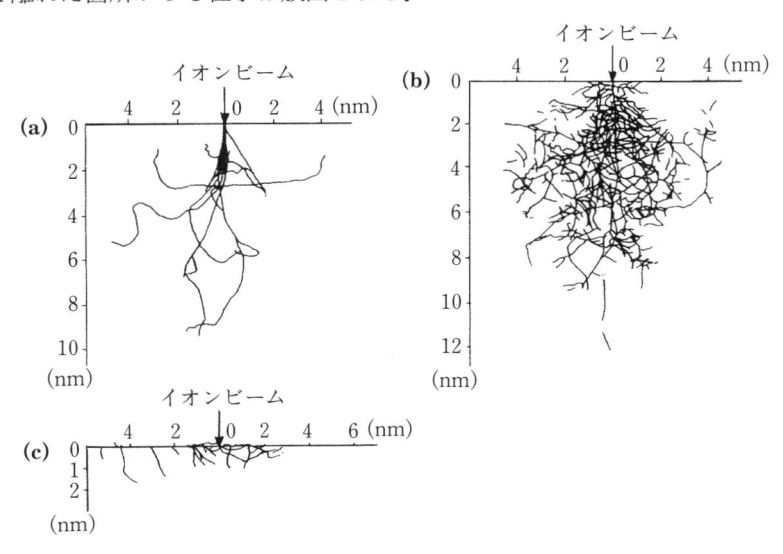

図4-16 銅試料（多結晶）に4 keVのArイオンを照射したときの入射イオンと試料内の原子の挙動．(a) Arイオン，(b) 変位したCu原子，(c) スパッタリングされた原子（日本表面科学会編：二次イオン質量分析法，丸善，p.11 (1999))．

(2) 二次イオンの生成

二次イオン化率は，一次イオン照射によって，固体表面から放出された全原子数の中で，二次イオンとなった個数の割合として定義される．一次イオンを照射する場合，酸素イオンは正イオンのイオン化効率を増大させるが，逆にLiやCsなどのアルカリ金属は正イオンの生成を減少させるとともに負イオンの生成を高める．したがって，正イオンの分析にはO^{2+}やO^-が一次イオンとして用いられ，負イオンの分析にはCs^+が用いられる．酸素イオンビームが高い正イオン強度が得られる理由は，定性的には，酸素の注入で試料表面が酸化されることにより，仕事関数が増加し，放出される正イオンへの電子遷移確率が減少するため，イオンが中性化せずに放出されると考えられている．また，負イオン生成に関しては，表面にアルカリ金属が付着すると仕事関数が低下するため，負イオン生成が生じやすくなるとされている．

図 4-17 に単体や化合物の主成分元素に対して，O^-一次イオン照射下におけ

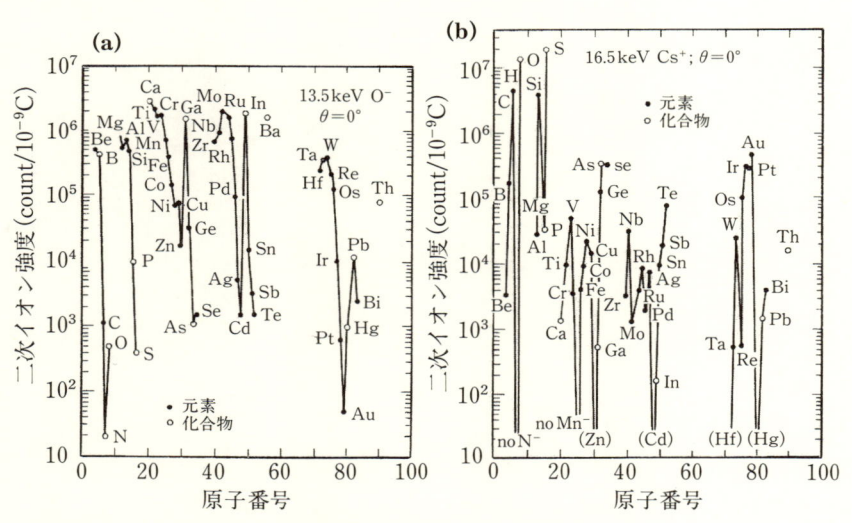

図 4-17 二次イオン強度の元素依存性．（a）O^-照射下における正イオン，（b）Cs^+照射下における負イオン（本間芳和：第17回表面科学基礎講座，日本表面科学会，p. 294 (1994)）．

る正イオン強度，および Cs$^+$ 一次イオン照射下における負イオン強度を示す．イオン強度は元素の種類に依存し，6 桁以上に及ぶ変化を示す．図 4-17 の正イオン強度と負イオン強度は相補的な関係になっており，両者の検出法を組み合わせることにより，大部分の元素を高感度に検出することができる．一般に電気的陽性元素（Li，B，Mg，Ti，Cr，Mn，Te，Ni，Ta）などを分析するときは一次イオンに O^{2+} や O$^-$ が用いられ，電気陰性度の高い元素（H，C，N，O，Si，As，Te，Au など）を分析する場合は一次イオンとして Cs$^+$ を用いる．

(3) スパッタリング

スパッタリング率は，入射一次イオンの数に対する全放出粒子数の比として定義される．スパッタリング率は，一次イオンの種類，エネルギー，照射条件，試料組成に大きく依存する．スパッタリング率の一次エネルギーに対する一般的な傾向を図 4-18 に示す．一般に 30～80 eV 以上でスパッタリングが可能となり，数百 eV あたりで入射エネルギーに比例してスパッタリング率は増大する．さらにエネルギーが上昇すると，10～30 keV でスパッタリング率が飽和し，その後急速に減少する．

スパッタリング率の入射角 θ による変化を図 4-19 に示す．ここで，$\theta=0$ を垂直入射とする．θ の増加に伴いスパッタリング率は $\cos\theta$ の逆数に比例し

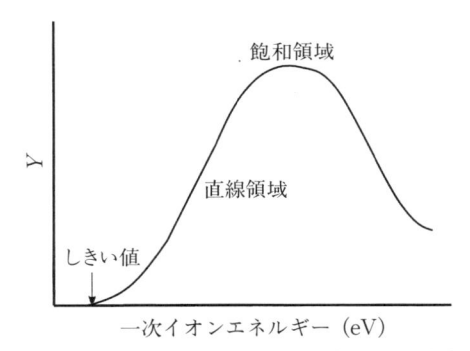

図 4-18 スパッタリング率 Y のエネルギー依存性（日本表面科学会編：二次イオン質量分析法，丸善，p. 7 (1999)）．

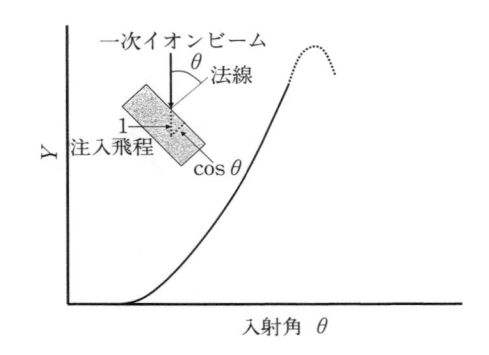

図 4-19 スパッタリング率 Y の入射角 θ 依存性（日本表面科学会編：二次イオン質量分析法，丸善，p. 8（1999））．

て増加している．これは試料表面からの一次イオンの侵入深さが $\cos\theta$ に比例して減少し，垂直入射に比較して表面近傍で高密度な衝突が生じるためである．θ が70°を越えるとスパッタリング率が急速に小さくなるが，これは試料表面での一次イオンの反射が多くなるためである．

（4） 質量分析法

生成したイオンの質量と，それに対応した数を測定することが SIMS の基本である．生成したイオンはアナライザーによって M/q に応じて分離される．ここで，M はイオンの質量，q はイオンの電荷である．その主なものは以下の通りである

（a） 単収束磁場型（セクター型）

扇形磁場の持つ法則性を利用するもので，イオンの加速電圧を V，速度を v，磁場の強さを H，軌道半径を r とすると，エネルギー保存則およびローレンツ力と遠心力のつり合いの条件から，

$$\frac{1}{2}Mv^2 = qV \tag{4.20}$$

4.3 二次イオン質量分析法

$$qvH = \frac{Mv^2}{r} \tag{4.21}$$

の関係が成立する．(4.20) および (4.21) 式から，

$$\frac{M}{q} = \frac{r^2 H^2}{2V} \tag{4.22}$$

となる．したがって，一定の大きさ (r) の磁石を作り，その磁場の強さを走査しながらイオンを分離し，出力されるイオン電流を測定することにより，スペクトルを得る．磁場は 60°，90° の扇形磁場が用いられるが，質量分解能 ($M/\Delta M$) は 1000 以下であり，市販の装置には通常は使われない．磁場型と称されるのは，次に述べる二重収束磁場型が普通である．

(b) 二重収束磁場型

二重収束型は図 4-20 に示すように，電場と磁場を組み合わせて質量を分離するものである．電界により一定のエネルギーのイオンを取り出した後，磁場を用いて質量分離する．この方式は質量分解能 ($M/\Delta M$) が高く 10000 程度である．

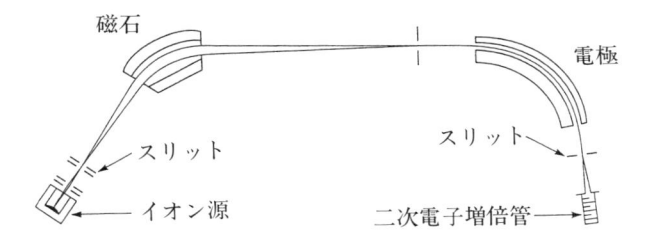

図 4-20 二重収束型質量分析器（日本分析化学会編：機器分析ガイドブック，丸善，p.170 (1996)）．

(c) 四重極型

四重極型質量分析器は図 4-21 に示すような構造で，4 本の丸い棒状電極が平行に取り付けられている．これら 4 本の取り囲む空間にいわゆる四極子電場（断面が直角双曲線になっている変動電場）を作るには，これら 4 本の棒状電

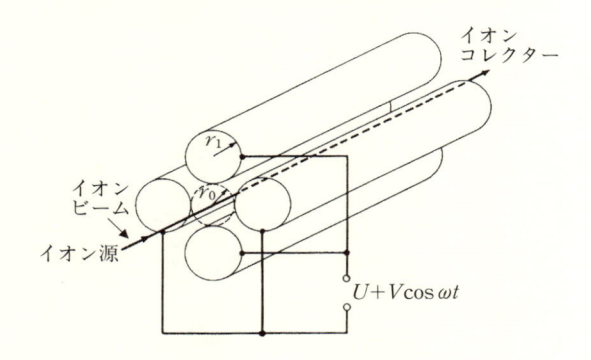

図 4-21 四極子マスフィルター，4本の円柱電極（半径 r_1：約 $1.25r_0$）は等間隔に半径 r_0 の仮想的な円柱に外接するように取り付けられる（堀越源一：真空技術，東京大学出版会，p.87（1986））．

極は円形ではなく直角双曲線の形をしたものでなくてはならないが，これを円柱で近似して四極子電場を作ることができる．この電極構造の一端にイオン源，他端にコレクターがある．四重極型質量分析器は四重極に適切な変動電場を印加して，イオンが電極空間を通り抜けられるかどうかにより質量分離を行う．イオン検出は，イオン電流が十分大きければファラデーカップで直接イオン電流を計測することにより，イオン電流が小さければ二次電子増倍管で増幅して電子電流として計測することにより行う．

　左右の2電極と上下の2電極間に$-(U+V\cos\omega t)$の電圧を印加する．ここで，U は直流電圧，V は高周波電圧，$\omega=2\pi f$（f は高周波の周波数）である．このような高周波電圧をかけると，M/Z と U，V，ω がある条件を満たしたときに運動は安定となり，イオンは軸の周りで安定に振動しながら，軸方向に沿って運動する．したがって，U/V と ω を一定に保ちながら，U を変化させる（V も U/V の比に従って変化させる）ことにより，通過するイオンの質量を分離することができる．四重極型の質量分解能（$M/\Delta M$）は $2M$ である．

4.3 二次イオン質量分析法

(d) 飛行時間型

ある瞬間に発生したイオンを電圧 V で加速したときに，パルス状のイオンは，次式で決まる速度 v で飛行する．

$$qV = \frac{Mv^2}{2} \qquad (4.23)$$

したがって，距離 L のところに，イオン検出器をおけば，検出器に到達するまでの時間 t は次式により求められる．

$$t = L\left(\frac{M}{2qV}\right)^{1/2} \qquad (4.24)$$

すなわち，同時に各種の質量 M のイオンが発生したとすると，検出器には質量に対応した種々の時間にパルス状にイオンが到達する．例えば，イオン源から検出器までの距離を 1 m とし，印加電圧を 1 keV とすると，質量数 1 と質量数 20 の 1 価のイオンの到達時間は(4.24)式から求まり，それぞれ 2.28 μs，16.10 μs である．すなわち，到達時間により質量を分離できる．

イオンはある時間幅（Δt）を持ったパルスとして発生させる．この時間幅が，質量の異なったイオンが到達する時間差よりも小さければそのイオンを分離して計測することができる．これが飛行時間型質量分析器の質量分解能を決

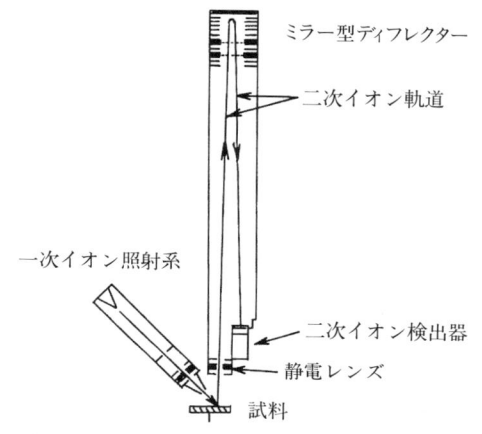

図 4-22 反射方式の飛行時間型質量分析器（日本表面科学会編：二次イオン質量分析法，丸善，p. 19（1999））．

定する基本である．しかし，現実には同じ質量を持ったイオンが同じ初速度で発生するわけではなく，初速度にはばらつきがあり，質量分解能を劣化させる．これを防止するために，飛行行路の終端で電界をかけてイオンの飛行の方向を反転させ，飛来してきた方に戻す（すなわち，行路が2倍になる）ことにより，飛行行路を長くするとともに，電界による減速の効果で初期速度のばらつきの影響を小さくする方法がある．この方法を備えた質量分析器の模式図を図4-22に示す．市販の飛行時間型質量分析の装置はほとんどがこの型の質量分析器で，質量分解能（$M/\Delta M$）は10000程度である．

表 4-1 各種質量分析器の比較．

	四重極型	磁場型	飛行時間型
質量分解能（$M/\Delta M$）	2 M	10000	10000
分析可能質量範囲	<1000	<500	<10000（∞）
透過率	0.5〜5%	〜30%	〜90%
全質量同時検出	不可	不可	可能

表4-1は各種質量分析器の特徴を比較したものである．磁場型質量分析器と四重極型質量分析器を比較すると，磁場型質量分析器は高い質量分解能が得られるため，妨害イオンの除去が容易であるという点で優れている．一方，四重極型質量分析器はコンパクトで装置を超高真空化するのに適しており，試料室内の残留ガス成分に起因するバックグラウンドを低くすることができるということが大きな特徴といえる．飛行時間型質量分析器は，最近のイオン光学系の進歩などにより実用化されるようになった．飛行時間型質量分析器は高分解能，高感度であるため，特に後述するスタティックSIMSと組み合わせて使われることが多い．

4.3.2 装　　置

図4-23にSIMS装置の原理図を示す．走査型では一次イオンビームを収束して試料表面に照射し，走査位置に対応する二次イオンシグナルを検出・表示

4.3 二次イオン質量分析法

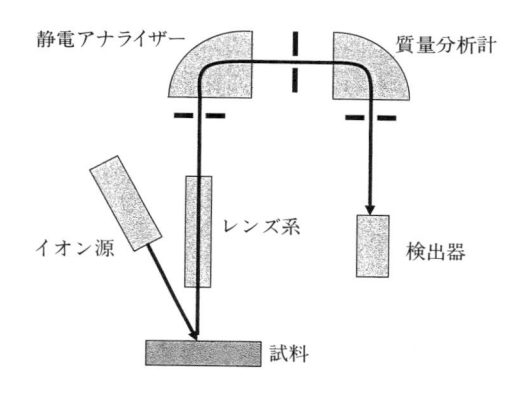

図 4-23 SIMS 装置の原理図.

する．走査型の空間分解能は SEM 同様一次イオンのビーム径で決まり，実用レベルでは 1〜10 μm である．発生した二次イオンは引出電極，レンズ系によって静電アナライザーに導かれ，エネルギーを選別した後，質量分析器を通過したものが検出器で検出される．通常，検出器には電子増倍管が用いられ，二次イオンを電子パルスに変換してパルス計測を行う．投影型では二次イオン光学系がイオンに対するレンズとして作用し，試料表面から発生した二次イオンは質量分析されると同時に検出器の位置で実像を形成し，二次イオン像として直接観察することができる．二次イオン像の分解能は二次イオン光学系の収差で決まり，およそ 1〜5 μm である．

SIMS の質量分析器としては磁場型質量分析器，四重極型質量分析器，および飛行時間型質量分析器が用いられる．ダイナミック SIMS では磁場型質量分析器と四重極型質量分析器が多く用いられ，一方，スタティック SIMS では四重極型質量分析器と飛行時間型質量分析器が多く用いられている．

4.3.3　SIMS で得られる情報

SIMS は表面の組成分析を全元素にわたり，最も高感度で行えるというのが最大の特徴であり，① マススペクトルを取ることによる組成解析，② デプス

プロファイルを取ることによる表面から数十 μm の深さまでの深さ方向の組成分布解析，③ 二次イオン像を取ることによる，数 μm〜数百 μm の表面領域の組成分布，に関する情報が得られる．SIMS は一次イオンの照射条件によって，ダイナミック SIMS とスタティック SIMS の二種類に分類される．一次電流の密度が大きく，スパッタリング速度を大きくし，主として深さ方向の組成分布解析に向いているのが，ダイナミック SIMS と呼ばれる方法である．スタティック SIMS は，イオン電流密度を下げて，スパッタリング速度を小さくして，主として極表面層の組成解析をする方法である．

(1) ダイナミック SIMS

ダイナミック SIMS は深さ方向の高感度分析を行う分析方法であり，SIMS 分析の基本である．ダイナミック SIMS では一次イオン電流密度として 10 μAcm^{-2} 以上が用いられる．加速エネルギーは通常 10 keV 前後が用いられ，スパッタリング速度が数 nms^{-1}〜数十 nms^{-1} となる条件が用いられる．

ダイナミック SIMS でも，マススペクトルを取得して，試料の構成成分や不純物成分を解析することは不可能ではないが，多価イオンや同位体イオン，残留ガスとの化合物イオンなどが同時に検出され，複雑なスペクトルとなり，一般的には困難である．したがって，マススペクトルを用いての定性・定量分析は，あらかじめ存在が予測されている元素について行うことが普通である．ダイナミック SIMS の最も一般的な使い方は深さ方向分析である．特定の元素（特定の質量数）に着目して，その強度がイオン照射時間（スパッタリング時間となる）に対してどのように変化するかを測定し，縦軸を特定の質量数に対応する検出された二次イオン強度，横軸を照射時間（スパッタリング時間）として描いたグラフをデプスプロファイルという．なお，二次イオン強度は指数関数的に変化するので，縦軸のスケールは対数で表示するのが普通である．図 4-24 に Cr をイオン注入した Si ウェファ中における Cr の深さ方向の濃度分布を測定した結果を示す．なお，縦軸のイオン強度は，標準試料を用いた測定を別に行うことにより，濃度に変換することができる．なお，濃度の単位は atoms/cm^3 がよく用いられる．また，横軸の照射時間は段差膜厚計や表面形

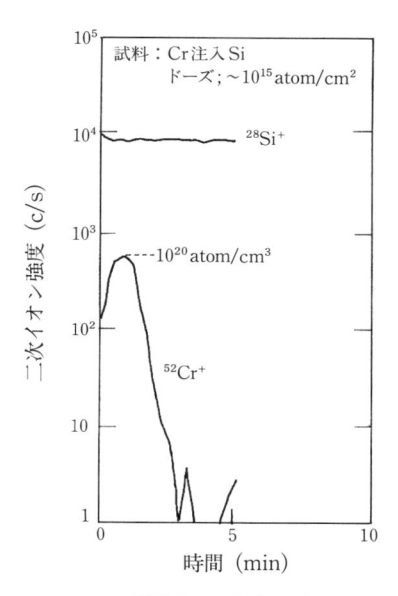

図 4-24 Si 中の Cr のミクロ領域深さ方向分析．一次イオン：15 keV，Ga$^+$，分析領域：25 μm×3.5 μm（日本表面科学会編：二次イオン質量分析法，丸善，p. 111（1999））．

状測定計などを用いて深さを実測することにより，表面からの距離に変換することができる．図 4-24 の場合，測定結果から，Cr の検出限界として，10^{17} atoms/cm^3 オーダーであることがわかるが，この値はオージェ電子分光法よりも遥かに高感度であることを示している．

　特定元素が表面のどの部位に存在しているかを視覚的に示す方法として，二次イオン像を撮ることがある．一次イオンの照射時間とともにその二次イオン像の変化の様子を記録すれば三次元分布像も得ることができる．二次イオン像を撮るためには，細く絞った一次イオンビームで表面を走査する走査型と，面内に一様に一次イオンビームを照射し，二次イオン光学系で二次イオンの放出位置を検出器で感知する投影型がある．

　ダイナミック SIMS では表面の分析領域をサブミクロンまで絞ることは現状では難しい．表面上の特定の箇所を分析するために，一次イオンビームを一

点に集中させると，あまりにも速く（例えば1分間に10μm）スパッタリングされるし，逆にスパッタリング速度を遅くしようとして，一次ビーム電流量を小さくすると高感度分析ができなくなる．したがって，現状では表面のサブミクロン領域の分析はオージェ電子分光法の方が有利である．

(2) スタティックSIMS

深さ方向分布の測定はSIMSに期待される最も大きな特徴である．しかし，固体表面の性質は主として最表面の単原子（分子）層の元素組成と構造によって決まる場合が多い．これらを調べる方法は，情報の深さが単原子層のオーダーであること，原子，分子，および同位体の検出ができること，感度が高いことが必要である．また，得られる信号が表面の状態をよく反映するためには，プローブが表面組成と構造を擾乱しないことが重要となる．

照射一次イオン電流密度を十分に小さくすると，最表面原子層のごく一部しかスパッタリングされない．例えば，イオン照射量を1×10^{13}ions/cm^{2}程度とすると，スパッタリング率を100としても，この照射量で一原子層がはぎ取られる程度である．したがって，これ以下の照射イオン量で測定を行うことで，イオン照射により損傷した試料からの情報を排除し，試料表面の化学組成に沿ったフラグメントイオンを検出することができる．これをスタティックSIMSと呼ぶ．スタティックSIMSには，質量分析器に飛行時間型分析器（Time of Flight型：TOF）が用いられることが多く，これをTOF-SIMSと呼ぶこともある．スタティックSIMSは最表面層の分析手法として注目されている．

スタティックSIMSの基本情報はマススペクトルである．イオン照射量が非常に小さい条件では，1個の一次イオンによって損傷を受けた場所に，2個目のイオンが当たる確率はきわめて低い．このような条件では，固体を構成する原子や分子のイオン化以外に，表面に吸着された化合物分子内の比較的弱い結合が切れて脱離を起こす確率が高くなり，原子間結合を保ったままの分子イオンやフラグメントイオンが生成，放出される．したがって，スタティックSIMSでは，元素分析以外に，表面のきわめて浅い領域における分子や化学構造に関する情報が得られる．

4.3 二次イオン質量分析法

図4-25にポリエチレンテレフタレートのTOF-SIMSスペクトルを示す．一次イオンは8kVのCs^+である．正イオンの質量数149の正イオンと，質量数165の負イオンに対応するイオン種として，どちらも二つの構造が帰属できていることがわかる．スタティックSIMSによる化合物のマススペクトルは化合物ごとに明瞭な特徴があり，これを一種の「指紋」として登録しておけば，特に有機物の同定には有効である．実際，多くの有機物について，このようなスペクトルデータはハンドブックとして出版されている．

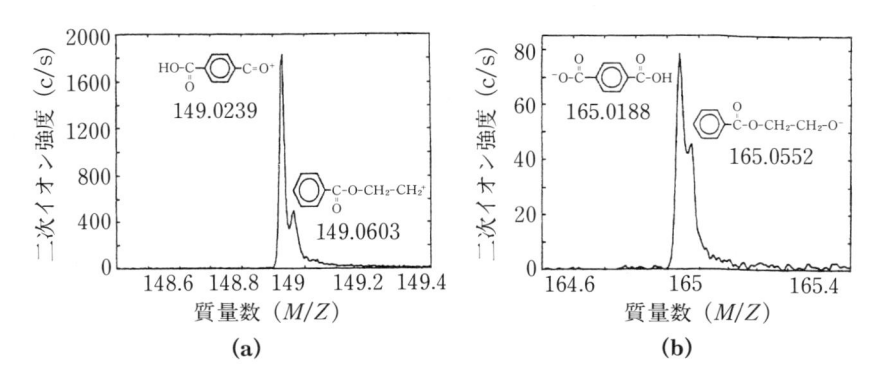

図4-25 ポリエチレンテレフタレートで測定された高質量分解能スペクトル．（a）正二次イオン $M/Z=149$ のピーク，（b）負二次イオン $M/Z=165$ のピーク（日本表面科学会編：二次イオン質量分析法，丸善，p.67(1999)）．

4.3.4 定量分析

SIMSは非常に有効な表面分析法として広く利用されてきているが，以下に示すような欠点も持っている．

① 元素間の感度差が大きい（～10^5 程度）．

② 同一元素でも存在状態の違いにより感度が大きく異なる（マトリックス効果）．

③ ダイナミックSIMSは基本的に破壊分析である．

以上の欠点をふまえた上で定量分析を行うことが重要である．

SIMS における元素 M の同位体 M_i の二次イオン強度 I_{M_i} は，一次イオン強度 I_p，母材のスパッタリング収率 S，元素 M の濃度 C_M（全濃度に対する比），同位体 M_i の存在確率 α_i，元素 M の二次イオン化効率 β_M，および質量分析計の透過効率 η（検出器の検出効率も含む）とすると

$$I_{M_i} = A I_p S C_M \alpha_i \beta_M \eta \qquad (4.25)$$

ここで，A は二次イオンの検出面積である．ここで，S や η は実験的に求めることができる．

SIMS ではマトリックス効果が大きいため，高精度な定量には材料と元素の組み合わせごとに標準試料による感度校正が必要である．標準試料には，対象元素を均一にドープした試料を他の手法で定量したもの，あるいは既知量のイオンを注入したものを用いる．

4.3.5 SNMS 技術

SIMS の定量化という観点からは未解決な問題が多い．その主な理由は二次イオン収率が試料の多量成分の物理的・化学的性質に大きく依存するというマトリックス効果に影響されるからである．マトリックス効果をなくす，あるいは少なくするためには固体中や固体表面でのイオン化ではなく，スパッタリングされて真空中に放出された粒子を別の励起法を用いてイオン化する方法（ポストイオン化）が有効であると考えられている．このようにして実現される方法は一般に SNMS（Sputtered Neutral Mass Spectrometry）と呼ばれているが，これにより測定感度のマトリックス依存性は大きく改善され，定量性（もしくは半定量性）も著しく向上すると期待される．

5 探針の変位を利用した表面分析法

　微小な探針を固体表面で移動させ，探針を原子の大きさの程度の凹凸に対応して上下させる．これを利用すると，表面の原子配列を直接観測することができる．この表面分析法として，走査トンネル顕微鏡（走査型トンネル顕微鏡とも呼ぶ）と原子間力顕微鏡がある．走査トンネル顕微鏡は探針と固体表面間のトンネル電流を測定するのに対し，原子間力顕微鏡は探針の先端と固体表面間の原子間力を測定している．

5.1　走査トンネル顕微鏡

　先端を鋭くとがらせた金属探針を導電性のある固体表面に 1 nm 程度に近づけ，数 V の電圧をかけると両者の間にトンネル電流が流れる．走査トンネル顕微鏡（Scanning Tunneling Microscope：STM）は，この電流を一定に保つように両者間の距離を原子オーダーで検出・制御するときの探針の変位，または，探針と試料表面間の距離を一定にして，その間に流れるトンネル電流の変化を測定することにより，固体表面の原子一個一個の配列を画像化する装置である．

5.1.1　原　　理

　STM の原理で最も重要な現象は試料表面から 1 nm 程度に接近させた探針

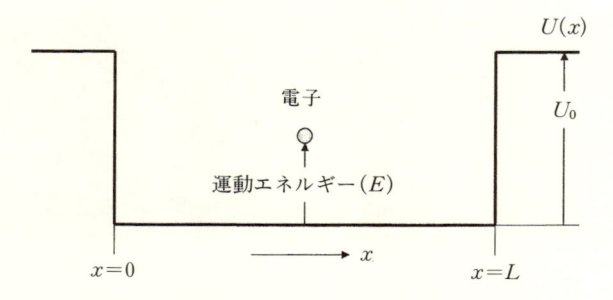

図 5-1　一次元のポテンシャル井戸．

と試料の間のトンネル電流である．このトンネル電流を精密に計測，制御，解析することにより，試料表面の原子レベルでの情報を得ることができる．

図 5-1 に示した幅 L，障壁の高さ U_0 の一次元のポテンシャル井戸の中に閉じ込められた粒子の運動を考える．ここで，ポテンシャルの壁は十分厚いとする．古典力学では粒子の運動エネルギー(E)がポテンシャル障壁の高さよりも小さければ，粒子はポテンシャル井戸の外に出ることはない．しかし，量子力学では，粒子が電子の場合には粒子としての性質以外に，波としての性質も持つ．電子の波動関数を $\Psi(x)$ とすると，波動方程式は

$$-\frac{h^2}{8\pi^2 m}\frac{d^2\Psi(x)}{dx^2}+U(x)\Psi(x)=E\Psi(x) \tag{5.1}$$

ここで，h はプランク定数，m は電子の質量，E は電子の運動エネルギー，$U(x)$ は図 5-1 に示すポテンシャルの形状を示す関数である．井戸の中では電子は全く力を受けないとすれば $U(x)=0$ とおけるので，(5.1)式は(5.2)式のように簡略化できる．

$$-\frac{h^2}{8\pi^2 m}\frac{d^2\Psi(x)}{dx^2}=E\Psi(x) \tag{5.2}$$

$$\frac{d^2\Psi(x)}{dx^2}=-\frac{8\pi^2 mE}{h^2}\Psi(x) \tag{5.3}$$

ここで

$$K=-\frac{8\pi^2 mE}{h^2} \tag{5.4}$$

5.1 走査トンネル顕微鏡

とおくと，(5.3)式には，以下の二つの解がある．

$$K>0 \text{ ならば } \Psi(x)=A\exp(\sqrt{K}x)+B\exp(-\sqrt{K}x) \quad (5.5)$$

$$K<0 \text{ ならば } \Psi(x)=A\sin(\sqrt{-K}x)+B\cos(\sqrt{-K}x) \quad (5.6)$$

井戸の壁は完全に「堅く」て，電子が少しも入り込めないとすると，壁の面では $\Psi=0$ でなくてはならない．したがって，この波動関数の境界条件としては，$x=0$ および $x=L$ で $\Psi=0$ であり，かつ，(5.4)式から $K<0$ であるので(5.6)式の B を0とした(5.7)式が(5.3)式の解となる．

$$\Psi(x)=A\sin(\sqrt{-K}x) \quad (5.7)$$

なお，$\sin(\sqrt{-K}L)=0$ が成立すれば $\Psi(L)=0$ も満たされる．このことは，$\sqrt{-K}L$ は π の整数倍 (n) に等しいことを示している．すなわち，$K=-\dfrac{n^2\pi^2}{L^2}$ となる．したがって，エネルギー E は(5.4)式から

$$E=\frac{h^2\pi^2}{8\pi^2mL^2}n^2=\frac{h^2}{8mL^2}n^2 \quad (5.8)$$

n は整数なので，(5.8)式は E が飛び飛びの値だけを取ることを示している．

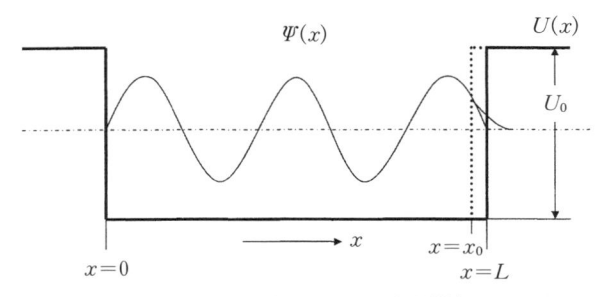

図 5-2 一次元ポテンシャル井戸内の電子の波動関数．この図は，(5.8)式で $n=5$ の場合であり，電子のエネルギーは五つの飛び飛びの値を持つ．$x=x_0$ のところに，電子がしみ込むことができる障壁がある場合も併せて表示してある．

一方，図5-2に示すように，ポテンシャルの井戸内の障壁が完全には「堅く」なく，壁の中に電子がしみ込む場合を考える．障壁のポテンシャルは U_0 であるから，障壁内の電子に対する波動方程式は(5.9)式のようになる．

$$-\frac{h^2}{8\pi^2 m}\frac{d^2\Psi(x)}{dx^2}+U_0\Psi(x)=E\Psi(x) \tag{5.9}$$

$$\frac{d^2\Psi(x)}{dx^2}=\frac{8\pi^2 m}{h^2}(U_0-E)\Psi(x) \tag{5.10}$$

ここで,$K=\frac{8\pi^2 m}{h^2}(U_0-E)$ とおくと,$K>0$ であるので,(5.10)式の解は(5.4)式の形をとる.障壁の位置を x_0 として,その位置における井戸内の波動関数の値を $\Psi(x_0)$ とすると,(5.3)式の境界条件は $x=x_0$ のときに $\Psi=\Psi(x_0)$,障壁の厚さが無限の厚さのときに $\Psi=0$ であるから,ポテンシャルの壁の中の波動関数は(5.5)式の A を 0 とした(5.11)式で表すことができる.

$$\Psi(x)=\Psi(x_0)\exp(-k|x-x_0|) \tag{5.11}$$

ここで,

$$k=\sqrt{K}=\frac{\sqrt{8\pi^2 m(U_0-E)}}{h} \tag{5.12}$$

(5.5)式と(5.11)式の一例は図 5-2 に示すような形を示し,電子の波動関数は,ポテンシャル内では定在波であり,障壁中では指数関数的に急激に減少する.なお,電子の存在確率は $|\Psi(x)|^2$ となり,これを図に示すと図 5-3 のようになる.これからわかるようにポテンシャルの井戸の中でも電子は均一に存在していないことがわかる.

金属中の電子が外部に放出されるために越えなければならないポテンシャルを仕事関数(ϕ)と呼ぶが,この場合,E_F をフェルミエネルギーとすると,

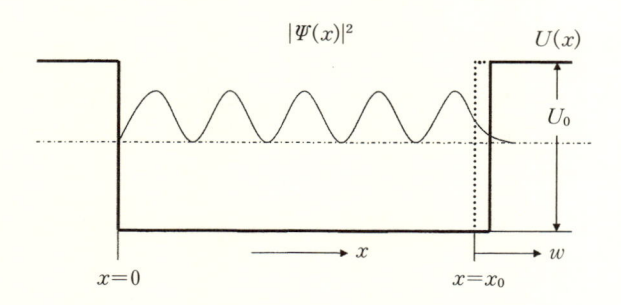

図 5-3 一次元ポテンシャル井戸内の電子の存在確率.

5.1 走査トンネル顕微鏡

$$(U_0 - E) = (U_0 - E_F) = \phi \tag{5.13}$$

通常よく使われるタングステン探針の仕事関数は $4.8\,\mathrm{eV} = 4.8 \times 1.6 \times 10^{-12}\,\mathrm{erg}$ なので，フェルミレベルを占めている電子に対して k の値は以下のようになる．

$$k = \frac{\sqrt{8\pi^2(9.1 \times 10^{-28}\,\mathrm{g})(4.8 \times 1.6 \times 10^{-12}\,\mathrm{erg})}}{6.6 \times 10^{-27}\,\mathrm{erg \cdot sec}} \approx 11\,\mathrm{nm}^{-1} \tag{5.14}$$

障壁からの距離を w としたときに，障壁中の電子の存在確率は

$$|\Psi(x)|^2 = |\Psi(x_0)|^2 \exp(-2kw) \tag{5.15}$$

となるので，障壁の厚さが $1\,\mathrm{nm}$ の場合には，存在確率は

$$|\Psi(x)|^2/|\Psi(x_0)|^2 \approx \exp(-2 \times 11) \approx 2.8 \times 10^{-10} \tag{5.16}$$

となる．したがって，$1\,\mathrm{nm}$ の距離でも電子は障壁中にしみ出しているといえる．そこでポテンシャルの壁の厚さを $1\,\mathrm{nm}$ 程度にすることを考える．すなわち，図 5-4 に示すように，第一のポテンシャル井戸に第二のポテンシャル井戸を近づけることを考える．ここで，第一のポテンシャル井戸は探針で，第二のポテンシャル井戸は試料となり，ポテンシャル障壁の厚さ (w) は探針と試料の距離となる．このとき，第二のポテンシャル井戸中の電子の存在確率は $|\Psi(x_0)|^2 \exp(-2kw)$ に比例するので，ポテンシャルの壁が十分薄ければ，電子の波動関数は第二のポテンシャル内でも有限の値を持ち，第一のポテンシャル井戸内にあった電子は，第二のポテンシャル井戸に抜け出てくる．これをトンネル効果といい，抜け出してくる電子の流れをトンネル電流という．

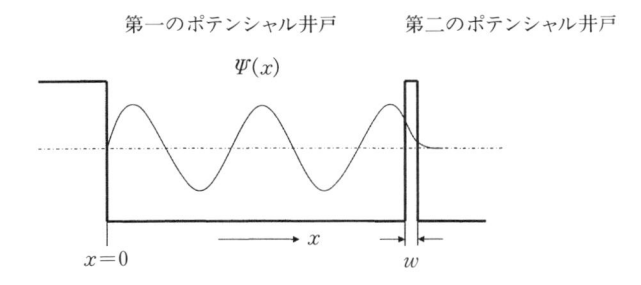

図 5-4 第二のポテンシャル井戸を接近させたときの波動関数の様子（野副尚一：第 29 回表面科学基礎講座，日本表面科学会，p.27 (2000)）．

このトンネル電流が探針と固体表面間の距離の変化に対応してどのように変化するかを見積もってみる．探針としてタングステンを用い，距離が 0.1 nm 変化すると仮定すると，トンネル電流の変化量は，およそ

$$\exp(-2\times 11\times 0.1)\approx 0.1 \tag{5.17}$$

となり，探針と固体表面間の距離が 0.1 nm 増大するとトンネル電流は 1 桁小さくなることがわかる．すなわち，トンネル電流は電極間の敏感なモニターとなる．したがって，探針を固体表面に沿って走査をすると，表面が盛り上がっているところでは，探針-固体表面間距離が小さくなるのでトンネル電流が大きくなり，逆に表面のへこみでは減少する．実際の測定では，このトンネル電流の変化を像にする方法と，探針の駆動系にフィードバックを加えてトンネル電流が一定になるように探針を制御したときの上下動を像にする二つの手法がある．後者の方法では，探針は図 5-5 のように表面との間隔を一定に保ったまま表面の凹凸に沿って移動していく．表面の起伏はこのときのフィードバック信号に比例しているので，探針走査に伴うフィードバック信号を画像化すると，表面の原子レベルでの凹凸像が得られる．

以上の理論は，試料の表面をいわば平面電極として取り扱ったが，原子レベルでの高分解能観察の場合には，探針と固体表面の電子状態を考えなくてはならない．すなわち，探針と固体表面の間に流れるトンネル電流は固体表面の電子状態（局所状態密度）に依存する．表面の局所状態密度 $\rho(x, y, z, E)$ は，エネルギー E の電子が点 (x, y, z) に存在する確率（単位体積，単位エネルギ

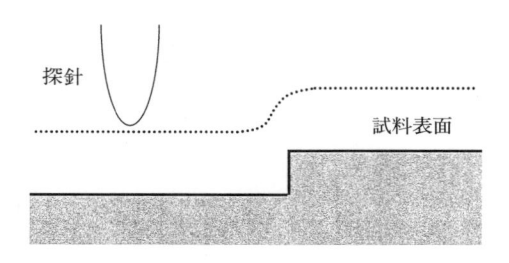

図 5-5 探針の駆動系にフィードバックを加えてトンネル電流が一定になるように探針を制御したときの上下動を像にする．

一あたり）を示す．この確率はエネルギー E の電子の波動関数の点 (x, y, z) における振幅の2乗である．十分近接した探針と固体表面間に数Vの電圧をかけると，金属の場合，フェルミエネルギーから数eVの範囲にある電子がトンネル電流として流れる．このときのトンネル電流は簡単には以下のように記述できる．

$$I \propto \int_0^{eV} \rho_t(E_F+\varepsilon) \cdot \rho_s(x, y, z, E_F-eV+\varepsilon) \exp(-2kw) d\varepsilon \quad (5.18)$$

ここで，ρ_t と ρ_s は，それぞれ探針と固体表面のフェルミ準位における状態密度，e は電子の電荷，V は探針と固体表面間にかけた電圧，E_F はフェルミエネルギー，w は探針と固体表面間の距離である．なお，k は(5.12)式で求まる値である．いま，探針を固体表面で移動させると，ρ_t は一定であるので，

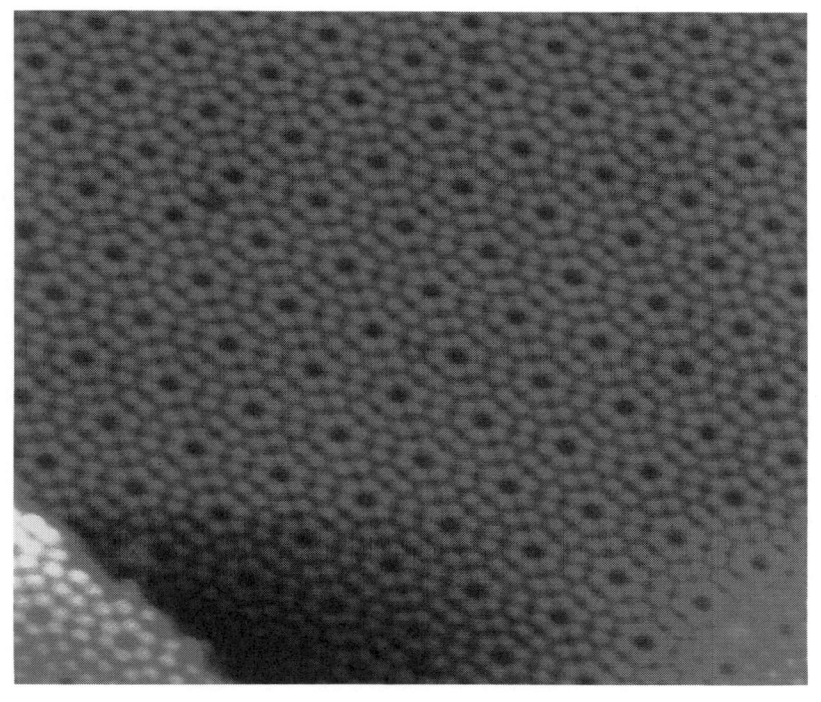

図5-6 Si(111)表面のSTM像．図中の○がSi原子．サンプルバイアス電圧＝1.5 V，トンネル電流＝0.2 nA（藤田大介氏提供）．

トンネル電流の変化は試料表面のフェルミ準位における状態密度の変化を表している．すなわち，トンネル電流を一定にするようにフィードバックをかけて，探針を上下させながら移動すると，フィードバック信号は固体表面のフェルミ準位における状態密度の等高線図となる．

表面の局所状態密度は，特定のエネルギーの電子が特定の場所に存在する確率の分布であり，一般に表面原子の近傍で局所状態密度が高く，局所状態密度の等高面は表面原子の配列を反映した形状となっている．局所状態密度の等高面の起伏は 0.01 nm 程度で，わずかなものであるが，トンネル電流が探針と固体表面間の距離に非常に敏感なので，原子配列を可視化することができる．図 5-6 に Si(111) 表面の STM による観測結果を示す．図中の丸い粒一個が Si 原子一個である．

5.1.2 装　　置

STM は試料と探針の間の距離を正確に制御しなくてはならない．そのためには基本的には図 5-7 に示すような C 型のリンクの構成になっている．この部分を STM ヘッドという．この構成は機械的な剛性を強くしておく必要がある．

例えば，鋼のヤング率は 2×10^{12} dyn/cm^2 程度なので，STM 本体の大きさ

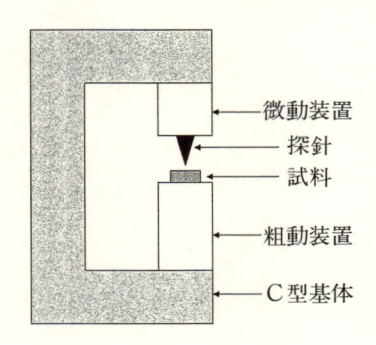

図 5-7　STM の基本構造．C 型のリンクに構成される（氏平祐輔編：固体表面/微小領域の解析・評価技術，リアライズ，p. 121（1991））．

が数 cm であるとすると，数十 mg の重さの変化があると 0.1 nm の変形が生じてしまう．また，線熱膨張係数は 10^{-5} 程度なので，1 cm の長さのものが 1 度変化すると 100 nm も変化してしまうことに留意する必要がある．

(1) 微動機構

微動機構では 0.01 nm 以上の精度で探針の動作を保証する必要がある．現在は強誘電体の圧電効果を利用したピエゾアクチュエータが用いられている．図 5-8 に示すように，X，Y，Z の 3 本のアクチュエータを直角に配したトライポッド型，円筒状の表面を分割して電極を配したチューブ型が代表的な構造である．ピエゾアクチュエータの電圧感度は 1 V の変化で 1～10 nm の変位が得られる程度である．

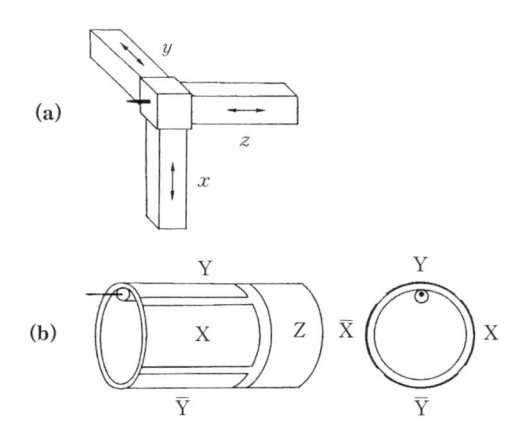

図 5-8 微動装置．(a) トライポッド型は 1～3 cm の大きさのもので，電圧感度は 1 μm/1000 V 程度である，(b) チューブ型は対向する対の電極に逆位相の電圧を印可する（氏平祐輔編：固体表面/微小領域の解析・評価技術，リアライズ，p. 121 (1991))．

(2) 粗動機構

粗動機構は試料と探針間の距離を微動機構の動作範囲に持っていくためのもので，代表的なものに，① マイクロメータヘッド・差動ネジ・差動バネ，②

縮小てこ，③ ステッピングモータ，④ 圧電アクチュエータ，⑤ 慣性移動（スタティック・スリップ機構），などがある．大気中で動作する STM の多くにはステッピングモータによる自動接近機構が採用されている．真空中や低温の STM にはステッピングモータは使用できないので，圧電アクチュエータや慣性移動が用いられる．

（3） 除振機構

STM の探針と試料間の距離は 1 nm 程度であるため，除振には配慮する必要があるが，STM ヘッドが一体となって振動する問題は，STM ヘッドの剛性を高めることで解決されている．STM にとって問題となるのは探針と試料間の距離が変動するような振動で，これを避けるには探針と試料間の共振周波数を高くし，かつ，外部から流入する振動数を下げることが必要である．このため，STM ヘッドを小型計量化するとともに，STM ヘッドをバネでつり下げることが行われている．

（4） 探　　針

STM 探針の素材は限られており，実用的にはタングステン，白金，白金-イリジウム合金が用いられている．いずれの探針も直径 0.2〜0.5 mm 程度の細線の先端を尖らせて作製される．探針の加工法には機械的に研磨する方法と，電気化学的にエッチングして作製する方法がある．機械的な研磨法を適用できるのは硬い物質に限られるため，白金-イリジウム合金を探針にするときには機械的研磨法が適している．電気化学的にエッチングして制作する方法はタングステンや白金に適用される．タングステン探針は比較的容易に電気化学的エッチング法で先端を先鋭化できるが，表面に酸化被膜ができやすく，真空中での加熱処理などにより，探針の清浄化をしばしば行う必要がある．通常の測定に用いられるタングステン探針は先端半径が数十 nm で，先端角が 20〜30 度のものが多い．

（5） 表 示 装 置

探針の Z 方向の動きを X, Y の走査に同期して表示するので，表示装置には CRT を用いる．ただし，信号には高周波の雑音が含まれるので，表示させる前に高周波阻止フィルターを取り付ける．

5.2 原子間力顕微鏡

接近する二つの物体間には必ず力が働くため，板バネ（カンチレバー）の先端にある探針を試料表面に近づけると，カンチレバーは探針と試料間の力によって引力の場合には試料方向に，斥力ではその反対方向に曲がる．カンチレバーの弾性定数は通常既知なので，この微小な曲がり（変位）を測定することにより探針-試料表面間に働く局所的な力を知ることができる．原子間力顕微鏡（Atomic Force Microscope：AFM）は，探針を二次元的に動かしながらこの力を測定することにより，または，力が一定になるように探針を上下させることにより，表面の三次元的微細形状を得る方法である．STM と異なり，試料が絶縁物でも測定できる．

5.2.1 原　　理

最も単純な系として，A 原子と B 原子が接近する場合を考える．原子間に働く力がなぜ生じるかということはここでは省略するが，B のポテンシャルエネルギー $E(r)$ は A の存在により，一般的には次式のように表すことができる．

$$E(r) = -\alpha/r^n + \beta/r^m \tag{5.19}$$

ここで，r は A 原子と B 原子間の距離で，α, β, n, m は A-B 原子対に固有の定数であり，A と B が無限に離れたときに $E(r)=0$ となる．(5.19)式の第1項は引力で，第2項は斥力を表している．したがって，原子間に働く力

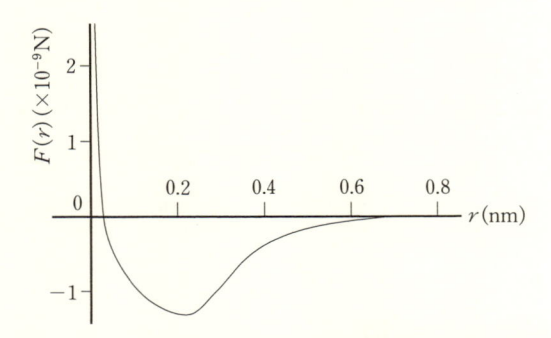

図 5-9 A 原子と B 原子の間に働く力 ($F(r)$). r は A 原子と B 原子間の距離（野副尚一：第 29 回表面科学基礎講座，日本表面科学会，p. 36 (2000)）.

$F(r)$ は

$$F(r) = -\frac{dE(r)}{dr} = -\frac{n\alpha}{r^{n+1}} + \frac{m\beta}{r^{m+1}} \quad (5.20)$$

図 5-9 に A 原子と B 原子間の距離に対応して，B 原子のポテンシャルエネルギーと B 原子が受ける力がどのように変化するかを模式的に示す．図 5-9 からわかるように，A 原子と B 原子の間の力は nm 以下のオーダーで大きく変化するので，A-B 原子間に働く力を測定すれば，A-B 原子間の距離を精度よく測定できる．これが原子間力顕微鏡の原理である．

（1） 接触モード AFM

ごく弱いバネ（カンチレバー）の先端に付けた原子オーダーの尖りを持つ探針で表面を掃引することを考える．図 5-10 に示すように，カンチレバーの動きをレーザーで監視するために，カンチレバーは動かさず試料ホルダーを x，y，z 軸方向にピエゾ素子を用いて動かす．実際のカンチレバーは極弱い板バネの先端に微細加工技術により μm 程度の突起が形成されている．この突起の先端にある一個の原子のみが，試料表面との間に力が作用するという理想的な場合を仮定する．カンチレバーに入射したレーザー光は，カンチレバーの背面で反射され，光検出器（フォトダイオード）に入射する．光検出器は図 5-10

5.2 原子間力顕微鏡

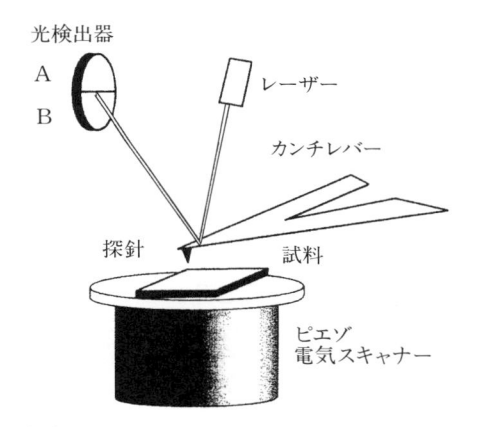

図 5-10 光てこ方式の AFM（藤井政俊：第 29 回表面科学基礎講座，日本表面科学会，p. 49（2000））．

に示すように，A，B 二箇所に分割されている．どちらの受光部分に反射光が多く入ったかでカンチレバーの傾きがわかる．図 5-11 にはカンチレバーを試料表面に近づけたときに分割されたフォトダイオードにどのように反射光が受光されるかを模式的に示している．図 5-11 に示すように，カンチレバーが試料より十分離れているときに，反射光が A，B 二箇所の検出器にほぼ等強度で入射するように調整しておく．カンチレバーを試料表面に近づけていくと，突起先端の原子は表面の原子からの引力を受けて試料表面に引き寄せられ，試料側にたわむ．その結果，反射光は B の検出器により多く入射するようになる．さらにカンチレバーを近づけていくと，突起先端の原子は表面からの斥力を受け，カンチレバーは試料表面と反対側にたわむ．その結果，反射光は A の検出器により多く入るようになる．この位置から逆にカンチレバーを試料表面から離していくと，カンチレバーは逆の課程をたどることになる．図 5-11 に示す A，B 二箇所の検出器の出力の差と，カンチレバーと試料表面間の距離の関係はフォースカーブ（力-距離曲線）となり，この曲線は AFM における基本情報である．

z 軸方向にフィードバックをかけて，カンチレバーのたわみを一定に保つこ

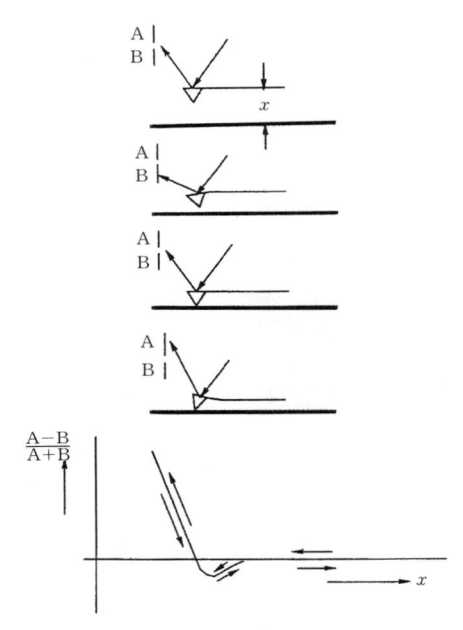

図 5-11 試料との探針間の距離 (x) により，カンチレバーのたわみがどのように光検出器（受光部が A と B に分割されている）で検出されるかを示す．AB 間の受光量の差と和の比がカンチレバーのたわみ量となる（野副尚一：第 29 回表面科学基礎講座，日本表面科学会，p.37（2000））．

とにより，表面の凹凸像を取得することができる．この方法は，試料に探針を押しつけ，斥力を検出し制御するので，接触モード AFM と呼ばれる．なお，非接触モードについては，次の(2)で触れる．

実際の系では，フォースカーブはカンチレバーを試料に近づけるときと，離すときでは異なる．この挙動を図 5-12 に示す．以下，文中の丸数字は図 5-12 の数字が示す箇所と一致している．① 非接触の位置からカンチレバーを試料に近づけていくと，② 引力によりカンチレバーが試料表面に引きつけられて接触する．さらに探針を表面に近づけると斥力が働き始め，③ 引力と斥力がつり合うようになり，④ 探針と表面の距離が小さくなるにつれ，次第に斥力が大きくなる．次に探針を引き離していくと，⑤ 再び引力と斥力がつり合う．

5.2 原子間力顕微鏡

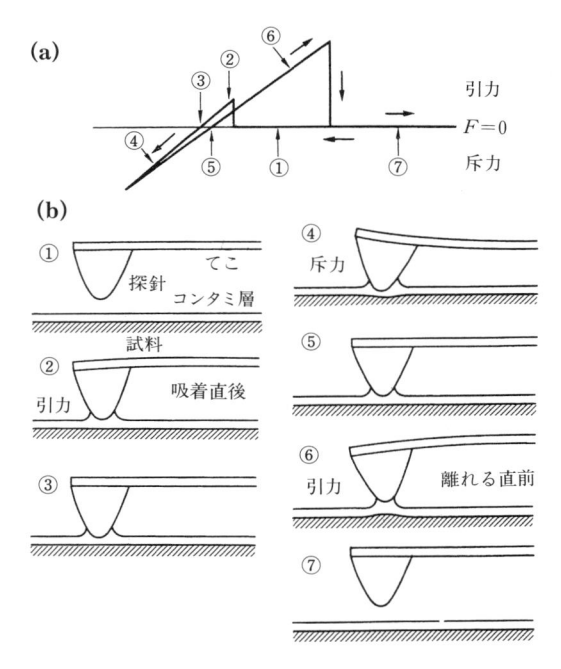

図 5-12 実際の系におけるフォースカーブとカンチレバーのたわみとの関係（大西孝治，堀池靖浩，吉原一紘：固体表面分析 II，講談社サイエンティフィク，p.411 (1995)).

さらに引き離すと，⑥ 引力が大きくなるが，⑦ カンチレバーのたわみを元に戻す力が働き，カンチレバーが表面から離れ，カンチレバーに力がかからなくなる．②の状況でカンチレバーが表面に引きつけられるときも，⑦でカンチレバーが非接触状態に戻るときも，固体表面と探針間の力だけではなく，大気中で測定するときには表面に水分が吸着しているため，水分による凝集力が働いている．カンチレバーのたわみや，水分の凝集力などの影響により，現実のフォースカーブにはヒステリシスがある．

(2) 非接触モード AFM

AFM で固体表面を走査すると，探針と固体表面間の原子間力が大きくな

り,探針が試料を傷つけることがある.このような問題を解決するために考案されたAFMの走査法が非接触モードである.カンチレバーを共振させた状態で試料に近づけると,引力により振幅や共振周波数が変化する.この特性を利用すると,探針を非接触で安定に操作することができ,原子像を取得することができる.

簡単のために図5-13に示すように,カンチレバーをバネ定数kのスプリングに質量Mの質点をつり下げた系と考える.質点の動きは,バネの自由振動で,次式の運動方程式で表せる.

$$M\frac{d^2x}{dt^2} = -kx \tag{5.21}$$

ここで,xは質点の平衡位置からの変位量,tは時間,kはバネ定数である.この方程式の解は

$$x(t) = A\cos(\omega_0 t + \theta) \tag{5.22}$$

ここで,ω_0は固有振動数で,$\omega_0 = \sqrt{k/M}$と表すことができる,A,θは定数

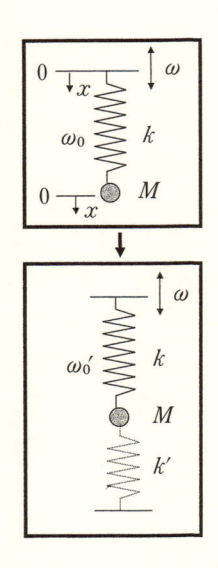

図 5-13 調和振動子による非接触型 AFM のモデル(野副尚一:第29回表面科学基礎講座,日本表面科学会,p.42(2000)).

である．バネの支点を図5-13に示したように，正弦波 $X = X_0 \cos(\omega t)$ で強制振動させると，質点の運動方程式は

$$M\frac{d^2x}{dt^2} = -k(x-X) \tag{5.23}$$

この方程式の解は，次式で与えられる．

$$x = \frac{\omega_0^2 X_0}{(\omega_0^2 - \omega^2)} \cos(\omega t) \tag{5.24}$$

これから，バネの支点を ω の周期の正弦波で強制振動させると，質点もこの振動数で振動し，ω の値がバネの固有振動数 ω_0 に近づくと，質点は支点の振動と共振して振幅が大きくなることがわかる．

ここで，図5-13に示すように，バネの支点を ω の周期の正弦波で強制振動させたまま，質点を試料に近づけると，質点と試料がバネ定数 k' で表される力学的相互作用をすると仮定すると，相互作用によりバネ定数は k から $(k-k')$ に変化し，バネの固有振動数も ω_0 から $\omega_0' = \sqrt{(k-k')/M}$ となる．このときの，質点の振動は次式で与えられる．

$$x = \frac{\omega_0'^2 X_0}{(\omega_0'^2 - \omega^2)} \cos(\omega t) \tag{5.25}$$

これから，質点と試料の間に力学的相互作用があると，共振周波数も振幅も変化することがわかる．ただし，現実の系では，大気による粘性や試料へのエネルギーの散逸があるが，この効果は無視する．

引力が働く領域（探針が接触していない位置）で探針を一定の周波数（$\omega = \omega_0'$）で振動させながら掃引すると，バネの固有振動数が，試料表面からの引力の影響で変化し，ω_0 から ω_0' に変化したときに，振幅は著しく大きくなる．この振幅の変化を検知することにより，探針間と試料表面の距離を 0.01 nm のオーダーで敏感に検出することができ，原子像が観察できる．図5-14に超高真空中 AFM により取得された GaAs(111) 劈開面の格子像を示す．

非接触モードは接触モードに比べ，原理的には試料に接触することがないため，試料を引きずることによって変形させる可能性が減り，弱く吸着した試料に対しても観測が可能になる場合が多く，生体試料や高分子表面の観察によく

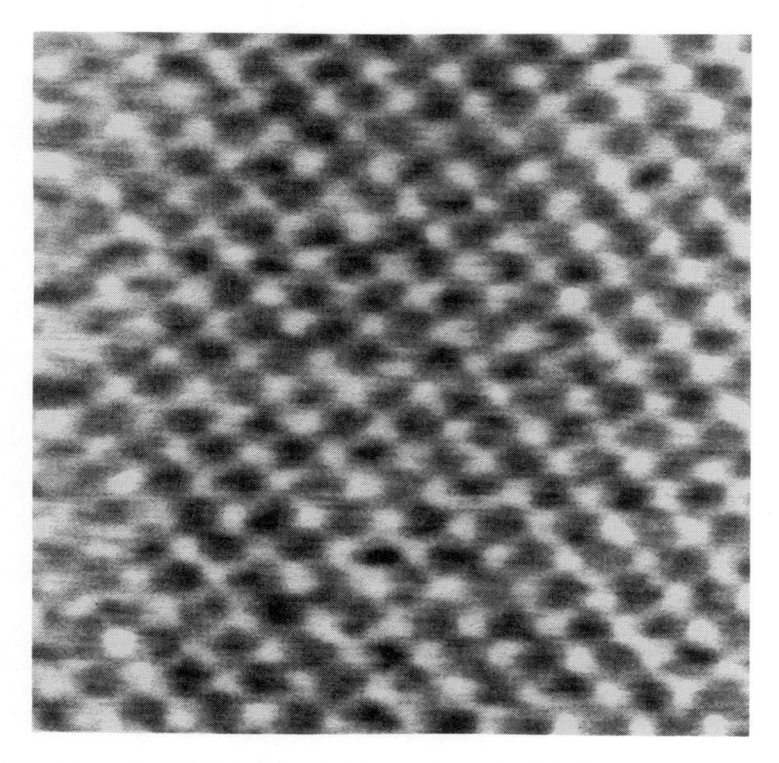

図 5-14 GaAs(110)劈開面の格子像（生データ）．走査範囲は 6.7×6.7 nm（大西孝治，堀池靖浩，吉原一紘：固体表面分析 II，講談社サイエンティフィク，p. 423（1995））．

利用されている．

5.2.2 装　　置

　装置は原子間力を検出する探針付きカンチレバー，カンチレバーの変位測定系，試料走査機構，画像データ表示・記録系からなる．カンチレバーは微弱な力を検出する必要があるため，その弾性定数は 0.01～1 N/m と小さくなくてはならず，また，測定系の雑音となる機械振動の影響を受けないために，共振

周波数を数十 kHz 以上に高くしなくてはならない．この要求を満足するカンチレバーとしては，半導体プロセス技術を用いて制作した Si_3N_4 や Si 製のものが使用されている．

　試料走査機構は基本的には走査トンネル顕微鏡と同様であり，試料を 0.1 nm 以上の分解能で機械的に二次元操作ができるようになっている．カンチレバーの変位は 0.01 nm の分解能で測定することが要求され，市販のものの多くは，レーザーをカンチレバーに照射し，その変位を光検出器（フォトダイオード）で検出する光てこ法によるものが多い．

5.2.3　AFM による摩擦力の測定

　接触モードで探針を走査させる際（実際には探針を固定し，試料を走査す

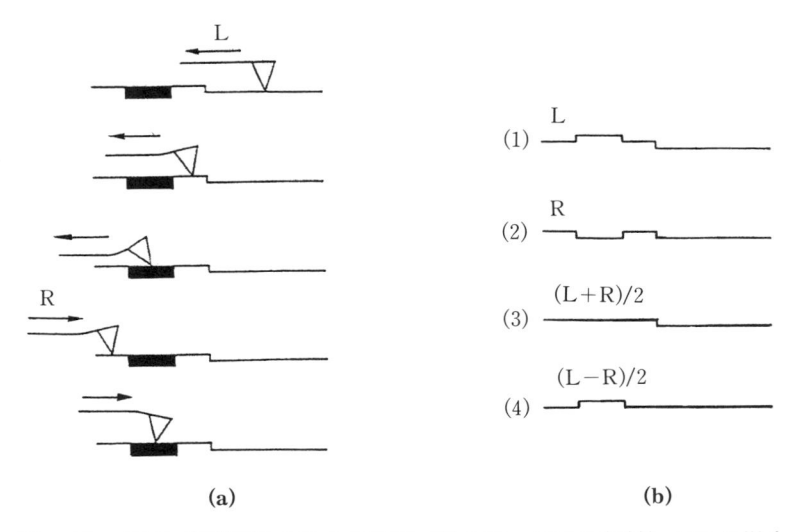

図 5-15　表面に摩擦係数の異なる領域（黒く塗ってある領域）がある場合の検出方法．（a）カンチレバーの動き，（b）見かけの高さの情報（L：左向き（往き）に掃引，R：右向き（帰り）に掃引）と，その和およびその差（野副尚一：第 29 回表面科学基礎講座，日本表面科学会，p. 39（2000））．

る），試料表面と探針の間には引力または摩擦力が働く．これらの力は試料表面の形状とは無関係に，走査している探針を走査方向とは逆向きに引きずる効果を示す．この引きずりの程度を画像化する方法が水平力モードである．

水平力はミクロ領域における摩擦過程（マイクロトライボロジー）の分野で多く利用されている．図 5-15 に示すように表面に摩擦係数が異なる物質が存在したとする．この摩擦係数の異なる部分を掃引するとき，カンチレバーのたわみ方が変化する．この変化の様子は実際の段差とは異なり，往きの掃引と帰りの掃引のシグナルを加算，および減算して表面の凹凸による情報と摩擦力の変化についての情報を区別して得ることができる．

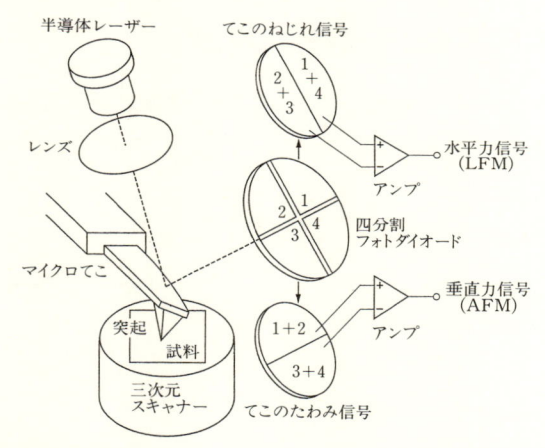

図 5-16 四分割光検出器により，カンチレバーのねじれを検出する（大西孝治，堀池靖浩，吉原一紘：固体表面分析II，講談社サイエンティフィク，p. 413 (1995)）．

図 5-16 に示すように，上下方向のカンチレバーの振れを検出する二分割の光検出器の代わりに，左右のねじれも検出できる四分割の光検出器を用いることで，カンチレバーの上下，左右の振れを同時に検出できる．これにより，試料表面上の化学種の違いによる状態変化を摩擦力の変化として抽出し，同じ位置での形状情報と比較することにより，より多面的な解析が可能となる．

付　録

付録 a
原子の構造

 表面分析は表面に存在する原子の種類や構造を解析する方法である．したがって，原子の構造に関する基本的な知識を整理しておく必要がある．また，表面分析法に用いる電子線，X線，イオンをどのように発生させるのか，またそのエネルギーなどをどのように測定するのかなどについても，原子構造に関する知識なしには理解することは難しい．もちろんここで，量子力学の基本まで立ち返ることはしないので，説明は概念的なものにとどめておき，本書を読むのに必要な基本的な知識のみを解説する．

A.1 量 子 数

 原子とはどのようなものかを考えてみよう．原子核は陽子や中性子で構成されており，原子核の周りには電子が存在している．これを原子と総称する．原子を元素として特徴づける性質は電子が担っている．電子は，まずその軌道半径でエネルギーが定義される．これが主量子数 (n) と呼ばれ，$1, 2, 3, \cdots$ の値を取り，量子数が大きいほど軌道半径が大きい．しかし，実際には，電子は軌道半径のところのみに存在するのではなく，原子核の周りに，ある確率を持って存在している雲のようなものなので，むしろ主量子数は電子雲の大きさを示していると考えるべきである．

 電子雲の形状には球形をしたものや亜鈴型のものなどがある．電子は荷電粒子なので，形状に対応した角運動量（磁気モーメント）を持つ．その大きさを方位量子数 (l) として表す．球形のものは方位量子数が1，亜鈴型のものは方

位量子数 l で表される。ただし、化学では方位量子数を $1, 2, 3, \cdots$ で表さずに、$s, p, d, \cdots$ で表すことが普通である。なお、主量子数と方位量子数との間には $n-l>0$ の関係がある。

磁気モーメントに影響を与えるものとして、もう一つ考えなくてはならない量がスピン角運動である。電子は荷電粒子なので、自転することにより磁気モーメントを持つ。ただし、この磁気モーメントの大きさは $\pm h/4\pi$ の値しか取らない。磁気モーメントの単位は $h/2\pi$ で表すことが普通なので、これをスピン量子数 (s) として $\pm 1/2$ の値を持つと記述する。ただし、この量子数はシュレーディンガーの波動方程式を相対論に対応するように修正するときに必要なパラメータとして導かれるものであり、スピンを実際に「電子の自転」と考える必要はない。

したがって、電子の全角運動量 j（大きさは $l+1/2$ と $l-1/2$ の二つの値を取る）は軌道角運動量（方位量子数 l で決まる）とスピン角運動量（スピン角運動量子数で決まる）の和である。なお、この j を内部量子数とも呼ぶ。原子全体の角運動量を求める方法には、j-j 結合と L-S 結合（または、Russel-Saunders 結合）の二通りの方法がある。電子の全角運動量に伴う磁気モーメントの大きさに対して磁気量子数 m が定義される。一つの j に対して、m は大きさが $-j, -j+1, \cdots, j-1, j$ の $(2j+1)$ 個の値を取る。

A.2 角運動の結合法則

(1) j-j 結合

j-j 結合においては、一つの孤立した電子の角運動量は、スピン角運動量と軌道角運動量のベクトル和で示される。すなわち、$j=l+s$ なる全角運動量子数 j で特定の電子の全角運動量が示される。原子全体では N 個の電子があるとすると、一つ一つの電子の全角運動量子数 j_i が集まって $J=\sum_{i}^{N} j_i$ で求められる量子数に対応する角運動量を持つ。これを j-j 結合という。この方法で電子の軌道状態（準位）を表すときには、主量子数 n、方位量子数 l、および全角

A.2 角運動の結合法則

運動量子数 j を表記する．X 線の表記法では歴史的な経緯から n の $1, 2, 3, 4,$ …に対して，それぞれ K, L, M, N, …という表記が用いられる．

分光学的記述では，X 線の表記法と同等であるが，種々の量子数と，より密接に結びついた表記法となっている．まず主量子数が表され，次いで $l=0, 1, 2, 3, …$ に対応して s, p, d, f, …がこれに続き量子数 j が添え字として付与される．X 線表示法で L_3 と書かれる状態は，$n=2$，$l=1$，$j=3/2$ という量子状態にあり，分光学的には $2p_{3/2}$ と記述される．j-j 結合を用いた電子の軌道の表記法を X 線的表記法と分光学的表記法に分けて表 A-1 に示す．

(2) L-S 結合

一方，電子の全角運動量は各電子の軌道角運動量 l_i が合成されて全軌道角運動量

$$L=\sum_{i}^{N} l_i \tag{A.1}$$

が求まり，各電子のスピン角運動量 s_i が合成されて全スピン角運動量

$$S=\sum_{i}^{N} s_i \tag{A.2}$$

を作り，その L と S から原子全体の全角運動量 $J=L+S$ を求めるという方法がある．これを L-S 結合という．L-S 結合では終状態の電子分布を ^{2S+1}L という表記で表す．ここで，表 A-1 の分光学的表記法との類似から $L=0, 1, 2, 3, …$ に対応して大文字 $S, P, D, F, …$ で表す．全スピン角運動量 S は $2S+1$ の添え字として記述される．表 A-2 に L-S 結合の表記例を示す．表記例の「電子配置」の欄にある上付の数字は各軌道にある電子の数を表している．

(3) 中間結合

電子間のクーロン相互作用が，スピン軌道相互作用よりも強く働いているときには L-S 結合が現れる．原子番号では 20 以下の低原子番号の元素に適用できることがわかっている．一方，j-j 結合はスピン軌道相互作用の強い原子番号 75 以上の高い原子番号を持つ元素の電子状態の記述に良い方法である．

表 A-1 j-j 結合における X 線および分光学的表記.

量子数			X 線副指数	X 線準位	分光学的準位
n	l	j			
1	0	1/2	1	K	$1s_{1/2}$
2	0	1/2	1	L_1	$2s_{1/2}$
2	1	1/2	2	L_2	$2p_{1/2}$
2	1	3/2	3	L_3	$2p_{3/2}$
3	0	1/2	1	M_1	$3s_{1/2}$
3	1	1/2	2	M_2	$3p_{1/2}$
3	1	3/2	3	M_3	$3p_{3/2}$
3	2	3/2	4	M_4	$3d_{3/2}$
3	2	5/2	5	M_5	$3d_{5/2}$

(合志陽一,志水隆一監訳:表面分析(上),アグネ承風社,p.92 (1990))

表 A-2 L-S 結合における表記.

遷移	電子配置	L	S	記号
KL_1L_1	$2s^02p^6$	0	0	^1S
$KL_1L_{2,3}$	$2s^12p^5$	1	0	^1P
		1	1	^3P
		0	0	^1S
$KL_{2,3}L_{2,3}$	$2s^22p^4$	1	1	$^3P^*$
		2	0	^1D

* パリティ保存則より禁制
(合志陽一,志水隆一監訳:表面分析(上),アグネ承風社,p.93 (1990))

その中間はそれぞれの L-S 項が,異なる J の値を持つ多重項に分裂する.ここで,J は L と S のベクトル和なので,$|L+S|$ から $|L-S|$ の間の計 $(2S+1)$ 個の値を取る.中間結合における表記例を表 A-3 に示す.

A.2 角運動の結合法則

表 A-3 中間結合における表記.

遷移	電子配置	L-S 記号	L	S	J	IC 記号
KL_1L_1	$2s^02p^6$	^3P	0	0	0	$^1S_0$
$KL_1L_{2,3}$	$2s^12p^5$	^1P	1	0	1	$^1P_1$
		^3P	1	1	0	$^3P_0$
			1	1	1	$^3P_1$
			1	1	2	$^3P_2$
		^1S	0	0	0	$^1S_0$
$KL_{2,2}L_{2,3}$	$2s^22p^4$	^3P	1	1	0	$^3P_0$
			1	1	1	$^3P_1$*
			1	1	2	$^3P_3$
		^1D	2	0	2	$^1D_2$

* パリティ保存則より禁制

(合志陽一, 志水隆一監訳:表面分析(上), アグネ承風社, p.94 (1990))

付録 b
データ処理

　測定器から出力された測定データ（スペクトル）は測定器の装置特性により歪みを受けたり，雑音を拾ったりする．また，スペクトルに出現するピークが重なったりする．したがって，得られたスペクトルから，必要な情報を取り出すことが重要となる．通常の分析機器はコンピュータを備えており，測定データは装置に付属しているコンピュータに取り込まれる．分析者はコンピュータに取り込まれたデータを処理して，必要な情報を取り出すことが必要となる．ここでは，よく使われるデータ処理法について解説する．なお，データ処理に関しては「南茂夫編著：科学計測のための波形データ処理，CQ出版社」に詳しく解説されており，この章に述べている内容は主としてこの本からの引用である．

B.1　ディコンボリューション

　エネルギー分析器から出力されたスペクトルデータはエネルギー分析器自体が持っている装置特性（装置関数と呼ばれる）により歪みを受ける．計測機器から出力される観測スペクトル（$y(t)$）は試料から発生したスペクトル（$x(t)$）とは一般に次式の関係がある．これをコンボリューション（convolution：畳み込み積分）という．

$$y(t) = \int_{-\infty}^{\infty} h(\tau) \cdot x(t-\tau) d\tau = h(t) \otimes x(t) \quad (\text{B.1})$$

ここで，$h(t)$ は計測器特有の動的特性を表す関数であり，装置関数と呼ばれ

る．また⊗はコンボリューション記号である．なお，$h(t)$ はその面積が1となるように規格化されている．

$$\int_{-\infty}^{\infty} h(t)dt = 1 \tag{B.2}$$

一般には $h(t)$ は特定の分布を持ち，それが出力スペクトルに固有の歪みを与える．したがって，出力スペクトル ($y(t)$) から装置関数 ($h(t)$) の影響を除去し，各計測器の特性に依存しない，試料から発生したときのスペクトル ($x(t)$) を推定することが必要となる．このための演算処理がディコンボリューションである．コンボリューションとディコンボリューションの関係を図 B-1 に示す．

実際の観測スペクトルには雑音 ($n(t)$) も加わるため，$y(t)$ は以下のようになる．

$$y(t) = \int_{-\infty}^{\infty} h(\tau) \cdot x(t-\tau) d\tau + n(t) = h(t) \otimes x(t) + n(t) \tag{B.3}$$

この雑音成分はディコンボリューションに大きな影響をもたらすので，データ収集の時点で雑音を抑えるか，後述する平滑化演算で雑音を軽減させるなどの工夫が必要である．

測定で得られるデータは N 点からなる離散的データ点列 ($y(i)$) であるからコンピュータを用いてディコンボリューションを行う場合には，積分の形を次式のような和の形に直す方がわかりやすい．簡単のために，雑音成分は取り除かれたと仮定する．

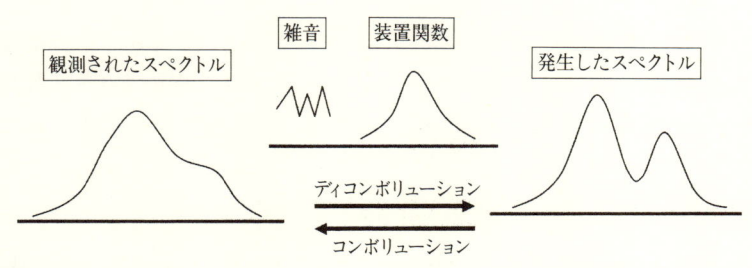

図 B-1 コンボリューションとディコンボリューションの関係．発生したスペクトルは装置関数と雑音により歪みを受けて観測される．

B.1 ディコンボリューション

$$y(i) = \sum_{-\infty}^{\infty} h(j) \cdot x(i-j) \quad : i = 1, 2, \cdots, N \tag{B.4}$$

(B.4)式は以下の連立一次方程式の形に書き換えられる．

$$\left.\begin{array}{l} y_1 = h_{11}x_1 + h_{12}x_2 + \cdots\cdots + h_{1N}x_N \\ y_2 = h_{21}x_1 + h_{22}x_2 + \cdots\cdots + h_{2N}x_N \\ \quad\quad\quad\quad \vdots \\ y_N = h_{N1}x_1 + h_{N2}x_2 + \cdots\cdots + h_{NN}x_N \end{array}\right\} \tag{B.5}$$

$y_i = y(i)$：i 点の観測スペクトル
$x_i = x(i)$：i 点の試料からの発生スペクトル
$h_{ij} = h(i-j)$：装置関数

ここで，y_i, x_i を要素とするベクトルをそれぞれ $\boldsymbol{y}$, $\boldsymbol{x}$ とし，h_{ij} を要素とする行列を $\boldsymbol{H}$ とすれば，

$$\boldsymbol{y} = \boldsymbol{H}\boldsymbol{x} \tag{B.6}$$

となる．図 B-2 にはこの関係を示す．この連立一次方程式の解（試料からの発生スペクトル：$\boldsymbol{x}$）は，$\boldsymbol{H}$ の逆行列を $\boldsymbol{H}^{-1}$ とすると，次式で与えられる．

$$\boldsymbol{x} = \boldsymbol{H}^{-1}\boldsymbol{y} \tag{B.7}$$

（B.7）式は，測定点数が通常非常に多く，簡単には解けない．したがって，コンピュータを用いて計算を実行する場合にはヤコビ（Jacobi）法や，ヤコビ法の収束速度を向上させたガウス-ザイデル（Gauss-Seidel）法などの反復法を用

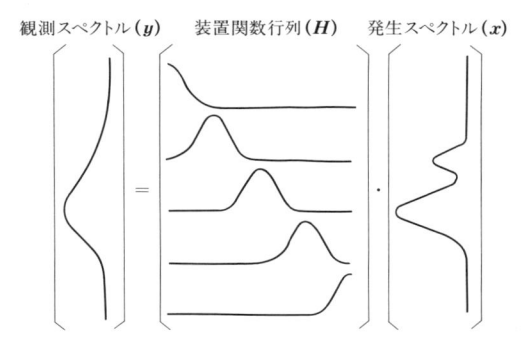

図 B-2 コンボリューションの関係（$\boldsymbol{y} = \boldsymbol{H}\boldsymbol{x}$）を図で示す．

いるとよい．実際の演算に用いられる装置関数の波形としては，ガウス関数((2.85)式を参照)がよく用いられる．ここでは，ヤコビ法を説明する．

装置関数行列 $\boldsymbol{H}$ の対角要素のみからなる行列 $\boldsymbol{D}$ (対角要素以外はすべて 0) を考え，この逆行列 $\boldsymbol{D}^{-1}$ を用いて第 $(k+1)$ 回目の反復解 $\boldsymbol{x}^{(k+1)}$ を

$$\boldsymbol{x}^{(k+1)} = \boldsymbol{x}^{(k)} + \boldsymbol{D}^{-1}(\boldsymbol{y} - \boldsymbol{H}\boldsymbol{x}^{(k)}) \tag{B.8}$$

として求める方法がヤコビ法である．この反復により，$\boldsymbol{x}^{(k+1)}$ は真値 $\boldsymbol{x}$ に収束する．

$\boldsymbol{D}^{-1}$ は対角要素のみが $1/h_{ii}$ で，他の要素はすべて 0 であるから (B.8) 式は次のように表現できる．

$$\left. \begin{aligned} x_1^{(k+1)} &= x_1^{(k)} + \frac{1}{h_{11}}(y_1 - h_{11}x_1^{(k)} - h_{12}x_2^{(k)} - \cdots - h_{1N}x_N^{(k)}) \\ x_2^{(k+1)} &= x_2^{(k)} + \frac{1}{h_{22}}(y_2 - h_{21}x_1^{(k)} - h_{22}x_2^{(k)} - \cdots - h_{2N}x_N^{(k)}) \\ &\vdots \\ x_N^{(k+1)} &= x_N^{(k)} + \frac{1}{h_{NN}}(y_1 - h_{N1}x_1^{(k)} - h_{N2}x_2^{(k)} - \cdots - h_{NN}x_N^{(k)}) \end{aligned} \right\} \tag{B.9}$$

$\boldsymbol{H}$ は一般には，図 B-2 に示すように各行ごとに同一の分布を持ち，その対角要素はすべて等しい．

$$h_0 = h_{11} = h_{12} = \cdots = h_{NN} \tag{B.10}$$

この関係を用いると，(B.8) 式は以下のように簡略化することができる．

$$\boldsymbol{x}^{(k+1)} = \boldsymbol{x}^{(k)} + \frac{1}{h_0}(\boldsymbol{y} - \boldsymbol{H}\boldsymbol{x}^{(k)}) \tag{B.11}$$

すなわち，$(k+1)$ 回目の反復解 $\boldsymbol{x}^{(k+1)}$ は直前の反復解 $\boldsymbol{x}^{(k)}$ を装置関数 $\boldsymbol{H}$ でコンボリューションした結果と観測スペクトルとの差 $(\boldsymbol{y} - \boldsymbol{H}\boldsymbol{x}^{(k)})$ を $1/h_0$ 倍した値を $\boldsymbol{x}^{(k)}$ に加えたものとなっている．この操作を繰り返すことにより，$\boldsymbol{x}^{(k+1)}$ は真値 $\boldsymbol{x}$ に近づき，$\boldsymbol{x}^{(k+1)}$ を求めるための修正量 $(\boldsymbol{x}^{(k+1)} - \boldsymbol{x}^{(k)})$ は $\boldsymbol{0}$ (全要素 0 のベクトル) に近づく．なお，収束を速めるためには，加速係数 d を用いて，(B.11) 式を次式のように書き直すことができる．ここで $h_0 \leq d \leq 2h_0$ の値が推奨される．

$$\boldsymbol{x}^{(k+1)} = \boldsymbol{x}^{(k)} + \frac{d}{h_0}(\boldsymbol{y} - \boldsymbol{H}\boldsymbol{x}^{(k)}) \tag{B.12}$$

なお，初期値 $\boldsymbol{x}^{(0)}$ には，通常観測スペクトルを用い，$\boldsymbol{x}^{(0)}=\boldsymbol{y}$ とおく．

ヤコビ法の収束速度を速めたガウス-ザイデル法については，BASIC プログラムが「南茂夫編著：科学計測のための波形データ処理，CQ 出版社」に掲載されているので参照するとよい．

図 B-3 に，ガウス関数で作成した二つのピークからなるスペクトルをガウス-ザイデル法を用いてディコンボリューションした結果を示す．

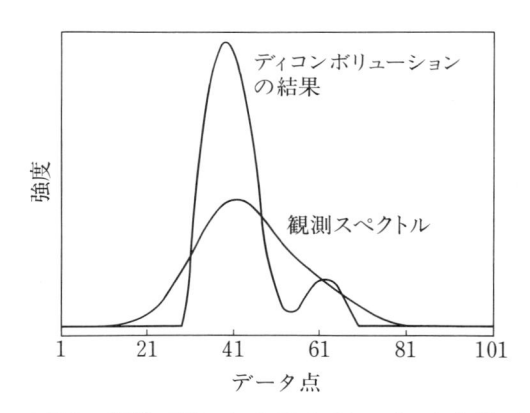

図 B-3 二つのガウス関数（データ点 41 と 61 にピークを持つ）を足し合わせ，それを装置関数（ガウス関数）でコンボリューションしたものを観測スペクトルとした．その観測スペクトルを再び装置関数（ガウス関数）でディコンボリューションした．

B.2　ピーク分離

エネルギー分析器から得られるスペクトルの多くは，特定の成分に固有の孤立ピークの重なりとして観察される．重なったスペクトルから固有スペクトルを分離する方法がピーク分離である．これには，曲線適合法を基本とした合成的分離法が用いられる．合成的分離法では，各ピーク成分が特定の解析関数で表現できると仮定する．この仮定に基づき，いくつかのピーク関数を生成・合成し，各ピーク関数に含まれるパラメータを調整して観測波形との偏差を最小化する．ガウス関数とローレンツ（Lorentz）関数が解析関数としてよく使わ

れるが，特に高精度の適合が必要なときには，二つの関数をコンボリューションしたホイクト（Voigt）関数も用いられる．これらの関数形を以下に示す．

$$\text{ガウス関数：} f(x) = h \exp\left\{-\ln 2 \frac{(x-\mu)^2}{\sigma^2}\right\} \tag{B.13}$$

$$\text{ローレンツ関数：} f(x) = \frac{h}{1 + \frac{(x-\mu)^2}{\sigma^2}} \tag{B.14}$$

$$\text{ホイクト関数：} f(x) = \int_{-\infty}^{\infty} \frac{h \exp\left\{-\ln 2 \left(\frac{t}{\sigma_{\text{Gauss}}}\right)^2\right\}}{1 + \left\{\frac{(x-\mu-t)^2}{\sigma_{\text{Lorentz}}}\right\}} dt \tag{B.15}$$

ここで，h はピーク高さ，2σ は半値幅である．なお，(B.13)式は(2.85)式と定数が異なるが，(2.85)式は積分面積を1に規格化してあるためである．図B-4にガウス関数とローレンツ関数の形を示す．ローレンツ関数はガウス関数に比べて，ピーク近傍では鋭いが，裾を引くという特徴がある．

実際に波形分離を行うときには，まず一定間隔でサンプルした m 点からなる観測スペクトル（$y(j)$）に対して，各ピークの形，バックグラウンドの形，およびピークの個数を推定する．続いて各ピークおよびベースラインに含まれるパラメータを適当に与え，次式のようなモデルスペクトルを作る．

$$c(j, p) = \sum_{i=1}^{n} f_i(j) + b(j) \tag{B.16}$$

ここで，p は各ピークの形状を決定するパラメータ，$f_i(j)$ はピークごとのス

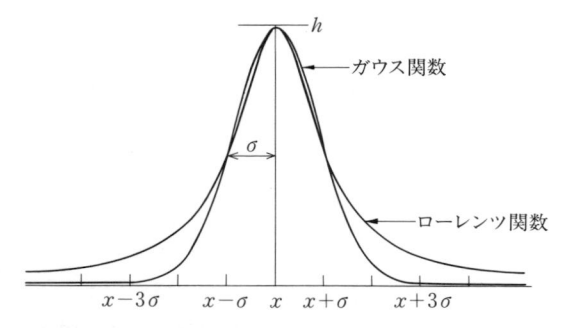

図 B-4 同じ半値幅（2σ）のガウス関数とローレンツ関数．ローレンツ関数はガウス関数に比べて，ピーク近傍では鋭いが，裾を引いている．

ペクトル，$b(j)$ はバックグラウンドである．このパラメータ p を調整して，モデルスペクトルと観測スペクトルの残差2乗和

$$E(p) = \sum_{j=1}^{m} W_j \{c(j,p) - y(j)\}^2 \tag{B.17}$$

が最小となるように p を推定する．ここで，W_j は重み係数で，観測スペクトルに含まれる雑音の影響を抑え，精度の高い適合を行うことを目的としたパラメータであるが，偏差の2乗和を最小にするときには $W_j \equiv 1$ である．計算の手順としては，ピークの形状（ガウス関数，ローレンツ関数，ホイクト関数など）を選択した後，ピークの個数，位置，高さ，半値幅をスペクトルの二次微分と三次微分を利用して判定することから始まる．これらのパラメータを初期値として用い，(B.17)式の値を最小とするような最適解を求める．具体的なプログラムについては「南茂夫編著：科学計測のための波形データ処理，CQ出版社」に詳細が述べられている．図 B-5 に Ni の XPS スペクトルの 3p ピークを $3p_{1/2}$ ピークと $3p_{3/2}$ ピークに分離した例を示す．

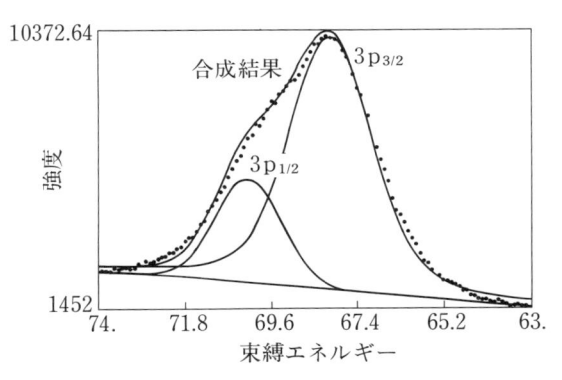

図 B-5 Ni の XPS スペクトルの 3p ピークを $3p_{1/2}$ ピークと $3p_{3/2}$ ピークに分離した結果．点線は観測スペクトル．分離したピークを足し合わせて，スペクトルを合成した結果も併せて示す．

B.3 ファクターアナリシス

個々の構成成分のスペクトルを足し合わせると混合物の観測スペクトルが得られるという条件が満足される場合,すなわち,混合物の観測スペクトルに加成性が成立する場合に,観測スペクトルから構成成分の量を求める方法をファクターアナリシスという.ファクターアナリシスは多変量解析法(多くの情報間の関係を調べ,要約を行う方法)の一つである.

いま,n 個の成分を含み,かつその成分比をいくつか変化させた試料から発生したスペクトルについて考える.なお,実験者には成分数も化学種も未知であるとする.ある成分比で取得したエネルギー i のスペクトル強度を D_{ij},化学種 k の濃度を C_{kj} とすると,n 個のスペクトルの間に加成性が成立すれば,次式が成立する.

$$D_{ij}=\sum_{k=1}^{n} R_{ik}C_{kj} \qquad (\text{B.20})$$

ここで,R_{ik} はエネルギー i における化学種 k の単位濃度の標準スペクトルの強度である.問題にしている試料について,混合比を様々に変えたスペクトルデータのセットが s 組あるとすると,(B.20)式は次の行列式で表現できる.

$$[D]=[R][C] \qquad (\text{B.21})$$

ここで,スペクトルのデータ点数を r 個とすると,$[D]$ はセット数が s 組であるから,r 行,s 列の行列である.すなわち,一つの列は r 個のデータからなるスペクトルで,それが s 列ある行列となる.$[R]$ は化学種数が n 個であるから,r 行,n 列の行列である.すなわち,一つの列は r 個のデータからなる化学種 k の標準スペクトルで,それが n 列ある行列となる.$[C]$ はセットごとの各化学種の濃度を表す行列であるから,n 行,s 列の行列となる.

ファクターアナリシスとはデータ行列 $[D]$ から出発して,数学的処理により,$[R]$ と $[C]$ を求めることである.ここで,データ行列 $[D]$ の各列の構成(スペクトルデータの形)は異なるが,同じ n 個の成分で構成されるため,どの列(スペクトルデータ)も n 個のベクトルで表すことができる.したがっ

て，s 個の観測スペクトルデータの中で一次独立なベクトルの個数を求めれば，それが成分数 n となる．一次独立なベクトルの個数を求めるには，$[D]$ の転置行列 $[D]^T$ を求めて，以下に示す共分散行列 $[Z]$ を作る．

$$[Z]=[D]^T[D]$$

この行列の「0」でない固有値の数が固有ベクトルの数，すなわち成分数 n となる．通常は，成分数 n を数学的に求めた後は，あらかじめ予測される物質の基準スペクトルを $[R]$ として用いるターゲットファクターアナリシスにより解析されることが多い．計算の例は「藤田大介，吉原一紘：ファクターアナリシス法による GaAs/AlAs 超格子構造の AES 深さ方向分析，表面科学，p.324，14 (1993)」に掲載されているので参照されたい．

この方法が最も有効な場合は，ピークが重なるような成分から構成されている物質の深さ方向分析を行う場合である．すなわち，スパッタリングを行い，スペクトルが連続的に変化するときに，その測定スペクトルのセットから，構成成分の組成がどのように変化していくかを描き出すことができる．

B.4　サビツキー-ゴーレイ法による平滑化

スペクトルデータを処理するときに，測定点をなめらかに結ぶことが必要となることがある．これにはサビツキー（Savitzky）およびゴーレイ（Golay）によって考案された方法が広く利用される．

サビツキー-ゴーレイ法は，ノイズを含む曲線を最小二乗法により平滑化することである．まず測定点を中心としてその前後 m 点を通る二次曲線を最小二乗法により求める．図 B-6 に示すように，ある測定点 i を中心としてその前後 m 点（合わせて $(2m+1)$ 点）を通る二次曲線 $y(j)$ を最小二乗法により求める．図 B-6 には 5 点を通る二次式の例を示してある．ここで，j は測定点 i を中心とした測定点で，$-m, -m+1, \cdots, -1, 0$（測定点 i），$1, \cdots, m-1, m$ という値をとる．

$$y(j)=aj^2+bj+c \tag{B.22}$$

実際の測定点の値を $x(i)$ とすると，

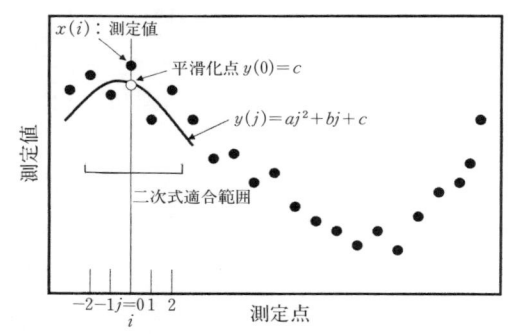

図 B-6 二次式適合による 5 点平滑化の原理（日本表面科学会編：オージェ電子分光法，丸善，p. 72 (2001))．

$$\sum_{j=-m}^{m}\{x(i+j)-y(j)\}^2 \tag{B.23}$$

が最小になるように a，b，c の値を決める．これにより求めた $j=0$ での値，すなわち c が平滑点の値となる．この操作を測定値ごとに 1 点ずつ繰り返して各測定点の平滑点を求める．実際には各点での最小二乗計算を行わなくても，サビツキ―ゴーレイ法による $(2m+1)$ 点平滑化の重み係数 $w(j)$ は以下の式から求められる．

$$w(j)=\frac{1}{W}\{3m(m+1)-1-5j^2\} \quad :j=-m,\cdots,-1,0,1,\cdots,m \tag{B.24}$$

重み係数が求まれば，測定点 i の平滑値 $y(0)$ は以下のように求めることができる．

$$y(0)=\frac{1}{W}\sum_{j=-m}^{m}x(i+j)w(j) \tag{B.25}$$

$$W=\sum_{j=-m}^{m}w(j)=(4m^2-1)(2m+3)/3 \tag{B.26}$$

この作業を測定点をずらしながら続けていけば，平滑化されたスペクトルが得られる．

B.5　サビツキー-ゴーレイ法による微分

　オージェスペクトルのように，検出したい小さいピークが大きなバックグラウンドの上に乗っているようなスペクトルでは，ピークを強調したいときには，スペクトルを微分することが行われる．スペクトルの微分にはサビツキー-ゴーレイ法で得られた平滑化曲線 $y(j)$（B.4 を参照）を微分することが一般的である．

$$\frac{dy(j)}{dj} = y'(j) = 2aj + b \tag{B.27}$$

これにより求めた $j=0$ での値，すなわち b が微分値となる．この場合も平滑化と同様に，各点での最小二乗計算を行わなくても，サビツキー-ゴーレイ法による $(2m+1)$ 点微分の重み係数 $w(j)$ は以下の式から求められる．

$$w(j) = \pm j \quad : j = -m, \cdots, -1, 0, 1, \cdots, m \tag{B.28}$$

$$W = \sum_{j=-m}^{m} (w(j))^2 = \frac{m(m+1)(2m+1)}{3} \tag{B.29}$$

したがって，測定点 i の微分値 $y'(0)$ は以下のように求めることができる．

$$y'(0) = \frac{1}{W} \sum_{j=-m}^{m} x(i+j) w(j) \tag{B.30}$$

付録 C
構造因子とフーリエ変換

透過電子顕微鏡で得られる回折像を解釈するためには、結晶格子による電子線の回折に関して理解しておく必要がある。最も基本となるいわゆるブラッグの条件については本文で説明してあるので、ここでは、電子線による結晶構造解析の基礎となる構造因子とフーリエ変換について説明する。

C.1 単純調和振動

電子線は波としての性質を持っている。エネルギーが一定の電子線の波の振動は単純調和振動となる。単純調和振動は、図 C-1 に示すように、一定の角速度で円周を動く点 A で記述することができる。点 A を x 軸へ投影した点 B は単純調和振動を行う。半径ベクトル f の変位角 ϕ の関数として B の変位をプロットすると cos 関数となる。最大変位は f の大きさに等しく、これを波の振幅と定義する。

A の角速度 ω を一定にしたとき、ϕ は時間 t において ωt に比例するので、変位を時間 t に対してプロットすると図 C-1 の (b) のようになる。ここで、波の振動数は単位時間内の A の回転数である。

点 C、すなわち A の y 軸への投影も単純調和振動となるが、軸が直交しているので、位相は B によるものから 90° ずれている。任意の時間で

$$\mathrm{OB} = f \cos \phi \tag{C.1}$$
$$\mathrm{OC} = f \sin \phi \tag{C.2}$$

となる。直交軸では $\cos^2 \phi + \sin^2 \phi = 1$ を考慮すると、

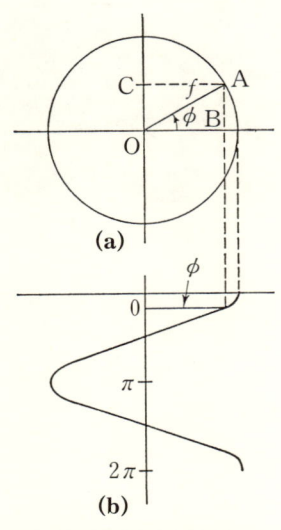

図 C-1 単純調和振動を表す cos 関数.

$$f=\sqrt{\mathrm{OB}^2+\mathrm{OC}^2} \tag{C.3}$$

である.

C.2 波の重ね合わせ

重ね合わせの原理によれば，1 点でいくつかの波が同時に行った運動の結果できた波の振幅は，それぞれの構成要素の変位の和である．このことは位相，振幅，振動数にかかわらず，任意の波の数について成立する．ここでは，電子線の散乱にこの原理を適用するので，振動数は一定であると仮定する．

振動数は同じであるが位相の異なる二つの cos 波の重ね合わせを考える．これは代数的に次のように表せる．

$$x_1 = f_1 \cos \phi \tag{C.4}$$
$$x_2 = f_2 \cos(\phi + \delta) \tag{C.5}$$

これらの波は図 C-2 に示すように，大きさが f_1 および f_2 の二つの回転するべ

C.2 波の重ね合わせ

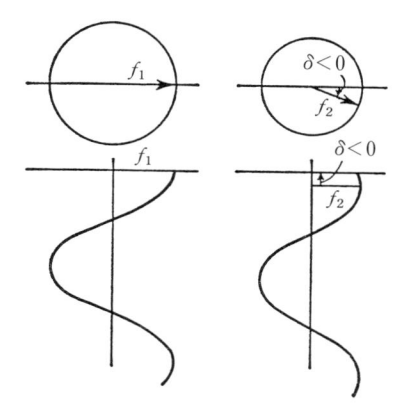

図 C-2 位相が δ だけ異なる二つの cos 波.

クトルから生じたものと考えてよい．位相差 δ は二つのベクトルのなす角である．図に示した場合では，時計回りの方向になっており，これはマイナスの量である．このため f_2 からの cos 波は，f_1 からの cos 波に少し遅れて最大値を取る．この二つの振動数は同じであるとしたから，それらの作り出すベクトルは同じ角速度を持ち，二つのベクトルの関係は回転しても不変である．この関係は f_1 が水平である場合（すなわち $\phi=0$）を考えれば常に f_1, f_2, δ のみで記述することができる．これらの波が重ね合わされたときの任意の時間の変位 x_r は

$$\begin{aligned} x_r = x_1 + x_2 &= f_1 \cos\phi + f_2 \cos(\phi+\delta) \\ &= f_1 \cos\phi + f_2 \cos\phi \cos\delta - f_2 \sin\phi \sin\delta \end{aligned} \tag{C.6}$$

ここで，

$$x_r \equiv F\cos(\phi+\alpha) \tag{C.7}$$

とおくと

$$\begin{aligned} &F\cos\alpha\cos\phi - F\sin\phi\sin\alpha \\ &= (f_1 + f_2\cos\delta)\cos\phi - f_2\sin\phi\sin\delta \end{aligned} \tag{C.8}$$

であるから

$$F\cos\alpha = (f_1 + f_2\cos\delta) \tag{C.9}$$

(a) **(b)**

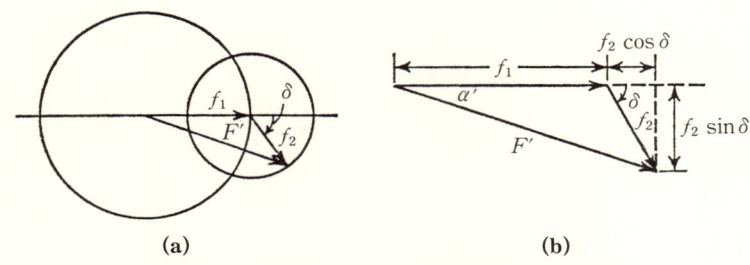

図 C-3 波の重ね合わせの幾何学的表現.

$$F \sin \alpha = f_2 \sin \delta \tag{C.10}$$

となる.得られた結果の意味は,$\phi=0$ のときの波を記述した図 C-3 の幾何学図を作るとわかりやすい.波のもととなるベクトル f_1,f_2 の和は f_1 の頭から f_2 を画くことで求められる.f_1 の始点から f_2 の終点へのベクトルは両者の和である.そしてその長さ F' と位相 α' で和ベクトルを表すことができる.このベクトルの二つの軸上の成分は

$$x = F' \cos \alpha' \tag{C.11}$$
$$y = F' \sin \alpha' \tag{C.12}$$

であり,図から明らかなように,

$$x = f_1 + f_2 \cos \delta \tag{C.13}$$
$$y = f_2 \sin \delta \tag{C.14}$$

したがって,

$$F' = F \tag{C.15}$$
$$\alpha' = \alpha$$

すなわち,もとの二つのベクトルの和は合成波を示すベクトルとなる.この結果は ϕ に無関係に成立する.この合成波の大きさ F と,位相 α を求めてみる.

$$\begin{aligned} F = \sqrt{x^2 + y^2} &= \sqrt{(f_1 + f_2 \cos \delta)^2 + (f_2 \sin \delta)^2} \\ &= \sqrt{(f_1 \cos 0 + f_2 \cos \delta)^2 + (f_1 \sin 0 + f_2 \sin \delta)^2} \end{aligned} \tag{C.16}$$

$$\tan \alpha = \frac{y}{x} = \frac{f_2 \sin \delta}{f_1 + f_2 \cos \delta} = \frac{f_1 \sin 0 + f_2 \sin \delta}{f_1 \cos 0 + f_2 \cos \delta} \tag{C.17}$$

C.2 波の重ね合わせ

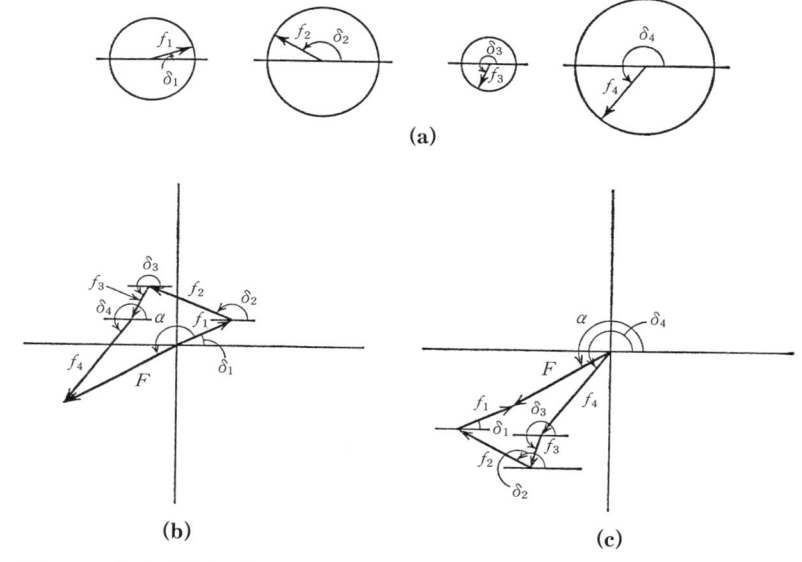

図 C-4 （a）振幅も位相も異なる四つの波を表すベクトル，（b）合成波，（c）和の順序を変えたときの合成波．

二つの波の合成波にさらに第3，第4の波が加わっても，この議論を延長すれば，図 C-4 に示すように合成波を記述することができる．図 C-4(b)，(c) に示すように，合成の順序を変えても同じ合成波のベクトル $\boldsymbol{F}$ を与える．したがって，(C.16)，(C.17)式を延長して，一般に，

$$x = \sum_j f_j \cos \delta_j \qquad (C.18)$$

$$y = \sum_j f_j \sin \delta_j \qquad (C.19)$$

したがって，波の大きさ，すなわち絶対値 $|\boldsymbol{F}|$ は

$$|\boldsymbol{F}| = \sqrt{x^2 + y^2} = \sqrt{\left(\sum_j f_j \cos \delta_j\right)^2 + \left(\sum_j f_j \sin \delta_j\right)^2} \qquad (C.20)$$

となり，位相は

$$\alpha = \tan^{-1}\left(\frac{\sum_j f_j \sin \delta_j}{\sum_j f_j \cos \delta_j}\right) \qquad (C.21)$$

となる．

ここで，合成された波のベクトル $\boldsymbol{F}$ を複素数を利用して表現すると，

$$\boldsymbol{F} = A + Bi$$
$$= \left(\sum_j f_j \cos \delta_j\right) + \left(\sum_j f_j \sin \delta_j\right) i \tag{C.22}$$

となる．ここで，A と B は実数で，それぞれベクトルの実数軸，虚数軸への投影距離を表す．

e^x, $\cos x$, $\sin x$ はそれぞれ次のような級数で表現できる．

$$e^x = 1 + x + x^2/2! + x^3/3! + \cdots \tag{C.23}$$
$$\cos x = 1 - x^2/2! + x^4/4! + \cdots \tag{C.24}$$
$$\sin x = x - x^3/3! + x^5/5! + \cdots \tag{C.25}$$

指数関数の式に，$x = i\delta$ を代入して方程式の両辺に f をかけると

$$f e^{i\delta} = f(1 + i\delta - \delta^2/2! - i\delta^3/3! + \delta^4/4! + \cdots)$$
$$= f(1 - \delta^2/2! + \delta^4/4! + \cdots) + i(\delta - \delta^3/3! + \delta^5/5! + \cdots) \tag{C.26}$$
$$= f(\cos \delta + i \sin \delta)$$

これから，(C.22)式は以下のように指数関数を使って表すことができる．

$$\boldsymbol{F} = \sum_j f_j \exp(i\delta_j) \tag{C.27}$$

C.3　結晶による電子線の散乱

（1）　原子散乱因子

原子には Z 個の電子が含まれているとして，それらの空間分布を表す関数として電子分布関数 $\rho(\boldsymbol{r})$ を定義する．原子からの散乱は Z 個の電子による散乱波の合成と与えられるが，その際異なる位置にある電子からの散乱波の位相のずれを考慮しなければならない．図C-5には原点にある電子を基準とし，これと原点から $\boldsymbol{r}$ だけ離れた位置にある小体積 dv 中の電子（その数は $\rho(\boldsymbol{r})dv$ とによる電子線の散乱波の行路の関係が示してある．

入射電子線の進行方向の単位ベクトルを $\boldsymbol{s}_0$ とし，いま注目している電子分布のある領域（原子核と考えてもよい）から単位ベクトル $\boldsymbol{s}$ で表される方向

C.3 結晶による電子線の散乱

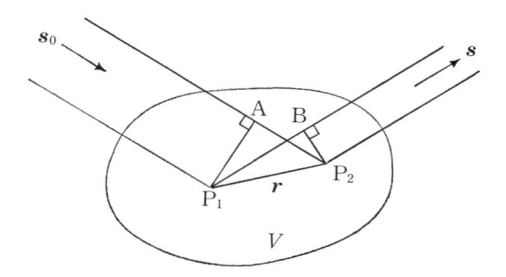

図 C-5 原点から r だけ離れた小体積（全体積 V）中の電子により散乱されたときの経路差。$P_1B - AP_2 = r \cdot s - r \cdot s_0$.

の遠方で散乱電子線を観測するものとする．電子線の波長 λ が散乱の過程で変わらないとき（弾性散乱），互いに r だけ離れた二点からの散乱電子線の経路差は図 C-5 から

$$
\begin{aligned}
経路差 &= P_1B - AP_2 \\
&= |r|\cos\theta_1 - |r|\cos\theta_2 \\
&= r \cdot s - r \cdot s_0 \\
&= r \cdot (s - s_0)
\end{aligned}
\tag{C.28}
$$

この経路差は，位相差に直すと $2\pi(s - s_0) \cdot r/\lambda$ に相当する．

すべての電子からの散乱波の合成を求めるには，(C.27)式からわかるように，原子全体にわたる次のような体積積分をとればよい．

$$
f = \int \rho(r) \exp\{2\pi i r \cdot (s - s_0)/\lambda\} dv \tag{C.29}
$$

この積分を原子散乱因子という．

（2） 構造因子

多くの固体物質は結晶である．結晶では原子が三次元的な周期配列をしているが，その周期配列を三つのベクトル a, b, c で表す．ベクトルの方向が三つの周期の方向（結晶軸方向）を，それぞれの長さが周期の大きさを表す．ミラー指数の定義から hkl の組は $|a|$ を h 個，$|b|$ を k 個，$|c|$ を l 個の部分に分ける．それら hkl の隣り合う面からの反射の間には 2π ラジアンの位相差があ

るので（ブラッグの法則），結晶軸またはこれに平行な任意の線に沿った単位並進（すなわち，a, b, c）あたりの位相差はそれぞれ $2\pi h$, $2\pi k$, $2\pi l$ ラジアンとなる．したがって，単位並進の n 分の1の並進に対する位相差は，単位並進による位相差の n 分の1となる．ここで，単位格子中の任意の点 (x, y, z) と格子の原点 $(0, 0, 0)$ との間の位相差を考えてみる．なお，座標 (x, y, z) は単位格子の長さを単位（すなわち，1）として小数で表すのが一般的である．

上記の議論から a 軸に沿って x だけ進んだときの位相差は $(2\pi h)x$ である．同様に，b 軸に沿って y だけ進んだときの位相差は $(2\pi k)y$, c 軸に沿って z だけ進んだときの位相差は $(2\pi l)z$ となる．したがって，(x, y, z) と $(0, 0, 0)$ との間の位相差 δ はその総和であるから

$$\delta = 2\pi(hx + ky + lz) \tag{C.30}$$

ここで，単位格子にある n 個[*11]の原子によって，反射 hkl の方向へ散乱された n 個の波の合成を考える．1個の原子の原子散乱因子を f_j とすると，それぞれの原子から散乱された波の合成波は以下のように表すことができる．これを構造因子という．

$$F_{hkl} = \sum_{j=1}^{n} f_j \exp[2\pi i(hx_j + ky_j + lz_j)] \tag{C.31}$$

ある反射点（ブラッグ反射）の強度は $|F_{hkl}|^2$ に比例する．

（3） 散乱ベクトル

図 C-6 に示すように，s と s_0 のなす角を $\psi = 2\theta$ とおくと，s 方向で散乱電子線を観測するということは形式的に s_0 と θ の角度をなす仮想的な面からの電子線の反射を見ていると考えてよい．このときの θ を反射角，ψ を回折角と呼ぶ．ここで

[*11] 単位格子中に含まれる原子数の数え方の例として，体心立方格子を考える．体心立方格子の8隅の格子点は8個の単位格子に共有されているので，おのおの 1/8 個のみがこの単位格子に属する．したがって，体心立方格子の中心にある1個と合わせて，この単位格子に含まれる原子数は2個と数える．

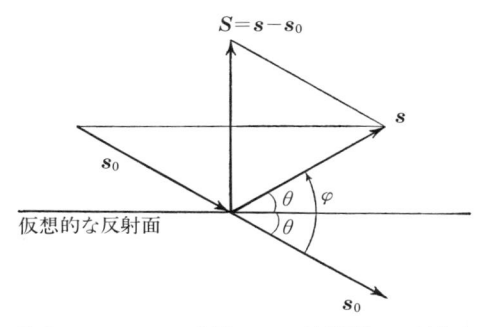

図 C-6 散乱ベクトル，回折角および仮想的な反射面の関係．

$$S=(s-s_0)/\lambda \quad (\text{C}.32)$$

で定義される S を散乱ベクトルという．散乱ベクトルの方向は図 C-6 に示すように，今考えた仮想的な反射面に垂直である．

散乱ベクトルの大きさは，反射面を (hkl) の組に属する面と考えて，その面間の垂直距離を d_{hkl} とすると，

$$|S|=\frac{2\sin\theta}{\lambda}=\frac{1}{d_{hkl}} \quad (\text{C}.33)$$

ある領域 v からの散乱された電子線を s 方向の遠方で観測するとき，その合成波 F_{hkl} は，j 個の原子から構成される結晶の原点から r_n の距離にある n 番目の原子から反射された波の強度を f_n とすると (C.31) 式から

$$F_{hkl}=\sum_{n=1}^{j} f_n \exp(2\pi i S \cdot r_n) \quad (\text{C}.34)$$

散乱ベクトルは逆格子内のベクトルである．この式は (C.31) 式のベクトル表現である．

(4) 一般化された構造因子

構造因子を構造単位中の j 個の原子から，反射 hkl 方向へ散乱された波を合成したものとして考えてきた．この考え方は，それぞれの原子を取り巻く電子雲の散乱能が，その原子の中心に集中した適当な数の電子の散乱能に等しいと

いう仮定に基づいている．しかし，構造因子は単位結晶中の電子密度の分布に何の仮定も置くことなく，この電子密度の微小な要素すべてから散乱された，さざ波（wavelet）の和として考えてもよい．電子密度 ρ は単位体積中の電子数として定義されるから，任意の体積要素 dv 中の電子数は

$$\rho(x, y, z)dv \tag{C.35}$$

となり，この体積要素から散乱されたさざ波の総和を指数関数的に表せば

$$\rho(x, y, z)\exp[2\pi i(hx+ky+lz)]dv \tag{C.36}$$

合成波は単位格子中のすべての要素の和，すなわち単位格子の体積についての積分である．

$$F_{hkl} = \int \rho(x, y, z)\exp[2\pi i(hx+ky+lz)]dv \tag{C.37}$$

これが一般化された構造因子の表現である．

C.4　フーリエ級数

これまで，構造因子の計算が原子として，あるいは連続的なものとして与えられた電子分布からどのように導かれるかを示してきた．しかし，与えられた一組の構造因子から，電子分布を得るという逆の操作も必要である．

結晶は周期構造をとっているので，これも周期関数によって記述するのがもっとも自然である．このうちで適当な係数を持ち，変数 x の一連の倍数を偏角にもった cos と sin の項からなる級数がもっとも有用であることがわかっている．この級数をフーリエ級数という．

一般的な一次元フーリエ級数の一つの形は

$$\begin{aligned}f(x) &= a_0 + a_1\cos 2\pi x + a_2\cos 2\pi(2x) + \cdots + a_n\cos 2\pi(nx) \\ &\quad + b_1\sin 2\pi x + b_2\sin 2\pi(2x) + \cdots + b_n\sin 2\pi(nx) \\ &= a_0 + \sum_{1}^{n}(a_h\cos 2\pi hx + b_h\sin 2\pi hx)\end{aligned} \tag{C.38}$$

ここで，h は整数，a_h と b_h は係数，x は1周期のある分率である．

フーリエ級数を複素数によって表すと都合のよいことがしばしばある．(C.23)，(C.24)式から

$$\cos x = \frac{e^{ix}+e^{-ix}}{2} \tag{C.39}$$

$$\sin x = \frac{-i(e^{ix}-e^{-ix})}{2} \tag{C.40}$$

となるから,これらを(C.37)式に代入すると

$$f(x) = \sum_{-n}^{n} C_h \exp(2\pi i h x) \tag{C.41}$$

ここで,$C_h = (a_h - ib_h)/2$,$C_{\bar{h}} = (a_h + ib_h)/2$,$C_0 = a_0$ である.これが指数関数形で表した一次元フーリエ級数の一般形である.この一般形の別な表記法として

$$f(x) = \sum_{-n}^{n} C_h (\cos 2\pi h x + i \sin 2\pi h x) \tag{C.42}$$

がある.

C.5 フーリエ級数による電子密度分布の表現

結晶内の三次元の周期的電子密度 $\rho(x, y, z)$ が三次元フーリエ関数で近似できると仮定すると

$$\rho(x, y, z) = \sum_{h'}\sum_{k'}\sum_{l'} C_{h'k'l'} e^{2\pi i (h'x + k'y + l'z)} \tag{C.43}$$

ここで,h',k',l' は $-\infty$ から $+\infty$ の間の整数である.

(C.43)式を(C.37)式に代入すると

$$\begin{aligned}F_{hkl} &= \int_v \sum_{h'}\sum_{k'}\sum_{l'} C_{h'k'l'} e^{2\pi i (h'x + k'y + l'z)} e^{2\pi i (hx + ky + lz)} dv \\ &= \int_v \sum_{h'}\sum_{k'}\sum_{l'} C_{h'k'l'} e^{2\pi i \{(h+h')x + (k+k')y + (l+l')z\}} dv\end{aligned} \tag{C.44}$$

この指数関数は周期関数であり((C.26)式に示すように複素数の三角関数により表現できる),1周期について積分すれば,$h' = -h$,$k' = -k$,$l' = -l$ の場合を除いて,すべての項は0になる.したがって,積分結果は,$h' = -h$,$k' = -k$,$l' = -l$ の項だけ残るから,

$$F_{hkl} = \int_v C_{\bar{h}\bar{k}\bar{l}} dv = V C_{\bar{h}\bar{k}\bar{l}} \tag{C.47}$$

$$C_{\bar{h}\bar{k}\bar{l}} = \frac{1}{V} F_{hkl} \tag{C.48}$$

となり，(C.44)式の h', k', l' の代わりに，$\bar{h}$, $\bar{k}$, $\bar{l}$ を代入し，(C.48)式の $C_{\bar{h}\bar{k}\bar{l}}$ を代入すれば，

$$\rho(x, y, z) = \frac{1}{V} \sum_h \sum_k \sum_l F_{hkl} \exp[-2\pi i(hx + ky + lz)] \tag{C.49}$$

この式は，電子密度をフーリエ級数で表したとき，その係数は構造因子となるということを意味している．(C.49)式は(C.31)式とよく似ている．すなわち，(C.49)式は，逆格子空間の構造因子を使って表現した実空間における電子密度の式であり，(C.31)式は実空間の電子密度を使って表現した逆格子空間の構造因子の式となる．このことを電子密度は構造因子のフーリエ変換であり，一方その反対に構造因子は電子密度のフーリエ変換であるという．

構造因子の絶対値の2乗はブラッグ反射の強度となる．すなわち，電子線回折で得られる回折像は，電子密度のフーリエ変換による像として，逆格子空間に映し出されるということになる．

付録 d

演習問題

　本書では，各種の表面分析法の原理の紹介を中心に記述してきた．演習ではいままで学んだ原理に基づいて，実際に表面分析を行う際に出会う様々な問題を解いてみる．

第 1 問（低速電子線回折法）

　特に高純度にしない限り，鉄にはイオウやリンなどの不純物が微量（数十 ppm）含まれている．鉄を加熱すると，これらの不純物は表面や粒界に濃縮する（偏析という）．イオウが 45 ppm 含まれた鉄の単結晶を加熱して，LEED（電子線の加速電圧は 150 V）で撮影した Fe(001) 表面の写真を図 D-1 に示す．白い丸が回折斑点である．左の図は加熱前，右の図は 920 K で加熱した後である．加熱すると表面にイオウが濃縮する．濃縮したイオウは規則構造をとるために，回折像が加熱前と加熱後で変化している．なお，画像の中央部は試料の影になるために見えない．また，この回折像は加熱時間を長くしても変化しない．この回折像から，920 K に加熱したときに表面に存在しているイオウの濃度を推定せよ．

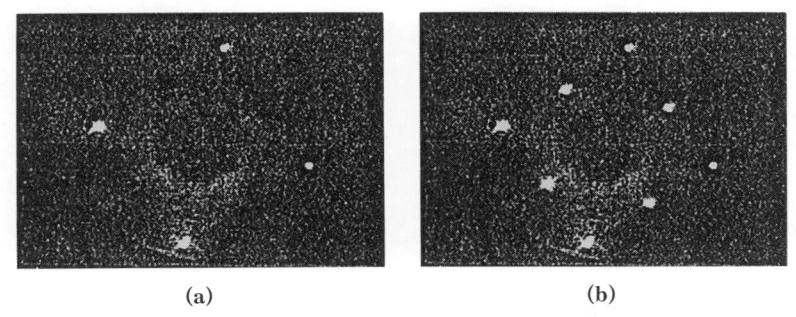

図 D-1　S を 45 ppm 含有した Fe(001) 表面の LEED 写真．（a）加熱前，（b）920 K 加熱後．

第2問（反射高速電子線回折法）

図 D-2 に GaAs(001) 面上に GaAs 薄膜を MBE 法により成長させたときの，RHEED の反射電子線強度の時間変化を模式的に示す．この振動は，GaAs 薄膜が成長するに従って表面の凹凸の程度が周期的に変化することによって生じ，周期はちょうど単原子層成長に対応する．図 D-2 は，時間とともに振幅の強度が減少していくことを示しているが，その理由を説明せよ．

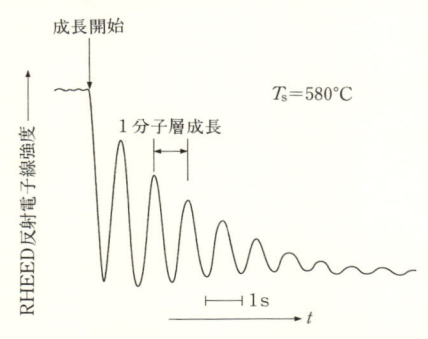

図 D-2 GaAs の MBE 成長開始直後の RHEED 反射強度の時間変化（大西孝治，堀池靖浩，吉原一紘：固体表面分析II，講談社サイエンティフィク，p. 472（1995））．

第3問（走査電子顕微鏡）

図 D-3 に，ステンレススチール鋼表面を鏡面研磨後，化学エッチングを施して観

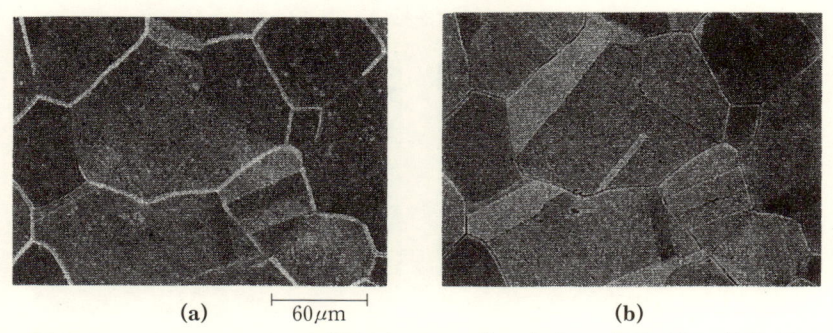

図 D-3 ステンレススチール鋼表面の SEM 像．（a）二次電子像，（b）反射電子像（日本分析化学会編：機器分析ガイドブック，丸善，p. 684（1996））．

察した SEM 像を示す．（a）は二次電子像，（b）は反射電子像である．反射電子像の方がはっきりと結晶粒が撮影されている．二次電子像よりも反射電子像の方がはっきりと結晶粒が見える理由を述べよ．

第4問（電子線プローブマイクロアナリシス）

図 D-4 は Al-Si 合金表面に，加速電圧を 5〜20 kV の範囲で変化させて電子線を照射し，合金中に存在する金属間化合物（マグネシウムシリサイド：Mg_2Si）の二次電子像と Mg の特性 X 線，およびマトリックスの Al の特性 X 線の強度分布を測定した結果である．低加速電圧で電子線を照射したときに，よりはっきりと魚の骨のような形状の Mg_2Si が薄い板状で存在していることが示されている．高加速電圧の電子線で照射した場合には，写真が明瞭に撮影できない理由を説明せよ．

5kV　　　10kV　　　15kV　　　20kV

二次電子像

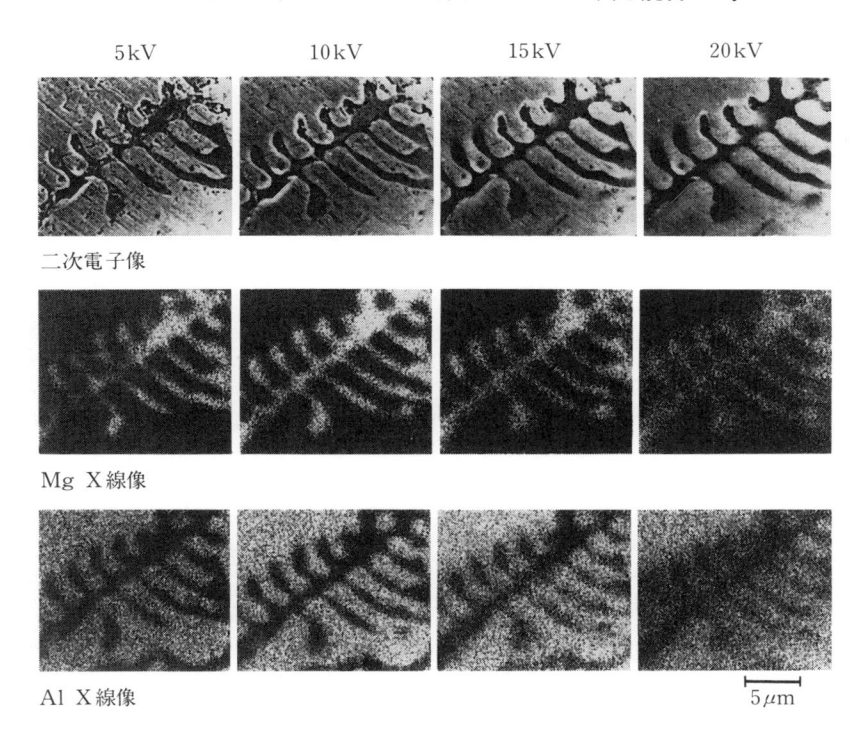

Mg X線像

Al X線像

5μm

図 D-4　Al-Si 合金中に存在する金属間化合物（Mg_2Si）の EPMA 写真（日本表面科学会編：電子プローブ・マイクロアナライザー，丸善，p. 58（1998）．

第5問(オージェ電子分光法)

図 D-5 は Si 表面のオージェスペクトルを一次電子の加速電圧を変えて取得したグラフである．横軸は電子のエネルギーで，縦軸は検出された電子の数である（ただし値は nA で表示してある）．Si は 40〜100 eV の領域に LVV 遷移に基づくいくつかのピークと 1500〜1650 eV の領域に KLL 遷移に基づくいくつかのピークを持つ．上図は一次電子の加速電圧が 3 kV の場合，下図は一次電子の加速電圧が 5 kV の場合である．加速電圧が 5 kV の場合は LVV 遷移も KLL 遷移も明瞭に観測されているが，加速電圧が 3 kV の場合には LVV 遷移のみが観測され，KLL 遷移はほとんど観測されない．この理由を説明せよ．

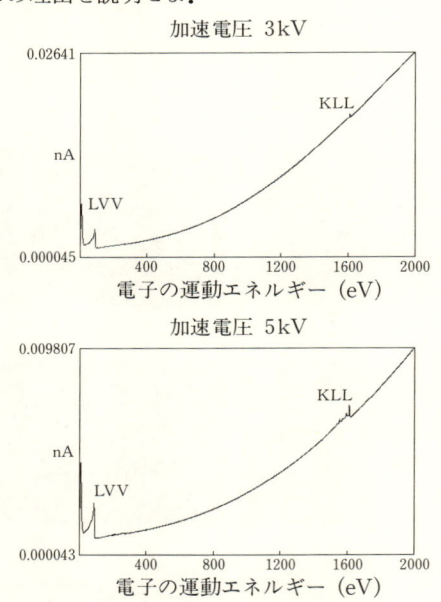

図 D-5 加速電圧を変化させて取得した Si 表面のオージェスペクトル．上段は加速電圧 3 kV，下段は加速電圧 5 kV の場合．

第6問(オージェ電子分光法)

図 D-6 に Cu-32%MoS$_2$ 複合材をルビー球で引っ掻いて摩擦面を露出させてオージェ電子分光法により表面を観測した結果(a)と，それを長時間アルゴンイオンスパッタリングしてから測定した結果(b)を示す．これらの結果から，この複合材が摩擦特性に優れている理由を考察せよ．なお，図中の I_f と I_0 の比は約 3.4，MoS$_2$

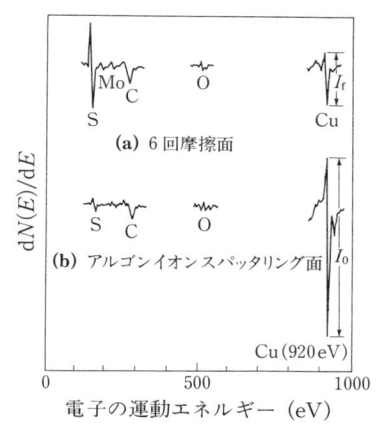

図 D-6 Cu-32 vol%MoS$_2$ 複合材摩擦面からの微分オージェスペクトル (志水隆一, 吉原一紘：実用オージェ電子分光法, 共立出版, p.169 (1989)).

中の Cu オージェ電子の減衰長さは約 1 nm としたときに，MoS$_2$ の厚さを求めよ．

第 7 問（X 線光電子分光法）

図 D-7 には XPS を用いて測定した，金属 Fe，FeO(Fe^{2+})，および Fe_2O_3 (Fe^{3+}) の Fe2p スペクトルが表示されている．Fe の価数が多くなるにつれて，Fe2p の束縛エネルギーが高エネルギー側にずれている理由を説明せよ．

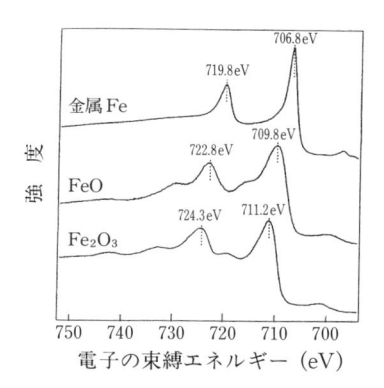

図 D-7 金属 Fe，FeO(Fe^{2+})，および Fe_2O_3 (Fe^{3+}) の Fe2p スペクトル (日本表面科学会：X 線光電子分光法, 丸善, p.131 (1998)).

第8問 （X線光電子分光法）

図 D-8 に酸化銅の Cu2p の XPS スペクトルを示す．実線は X 線を 0 分照射，破線は 90 分照射した後のものである．これらのスペクトルから，X 線照射中（X 線光電子分光法で実験中）に酸化銅に何が起こったかを考察し，その原因を解説せよ．

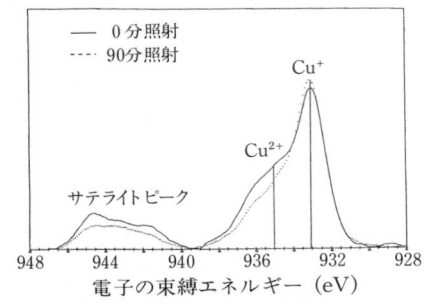

図 D-8 X 線の照射時間を変えたときの酸化銅の Cu2p ピークの変化（日本表面科学会編：X 線光電子分光法，丸善，p.77（1998））．

第9問 （X線光電子分光法）

二酸化バナジウムは 65℃ で相変態する．相変態前後の XPS 価電子帯スペクトルを

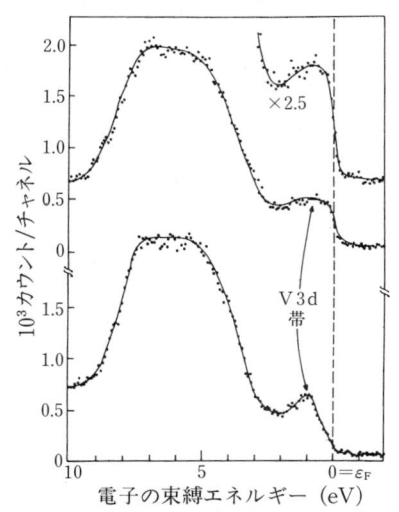

図 D-9 二酸化バナジウムは 65℃ で相変態する．相変態前後の XPS 価電子帯スペクトル．上段は 65℃ 以上で，下段はそれ以下の温度で加熱（合志陽一，志水隆一監訳：表面分析（上），アグネ承風社，p.126（1990））．

図 D-9 に示す．このスペクトルから，相変態前後で二酸化バナジウムにどのような物性変化が生じているかを推定せよ．

第10問（ラザフォード後方散乱分光法）

図 D-10 は Si 表面を RBS 法で測定した結果である．横軸は反跳してきた He イオンのエネルギーであり，右に行くほど高エネルギーになっている．Si には Au，Ag，Cu が混ざっていることがわかっている．下図のピークのどれが，Au，Ag，Cu および Si に対応するかを判定し，またそれらは試料中にどのように分布しているかを推定せよ．

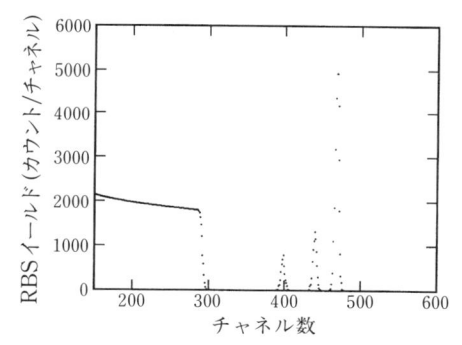

図 D-10 Au，Ag，Cu が混ざっている Si を RBS 法で測定した結果．横軸は反跳してきた He イオンのエネルギーに対応し，右に行くほど高くなる（大西孝治，堀池靖浩，吉原一紘：固体表面分析II，講談社サイエンティフィク，p.440（1995））．

第11問（二次イオン質量分析法）

図 D-11 に Na をイオン注入した SiO_2 膜試料中の Na の分布を SIMS で測定した結果を示す．同一の試料にもかかわらず，照射イオンが O^- イオンと O^+ イオンの場合とで Na の濃度分布が著しく異なっている．この理由を述べよ．

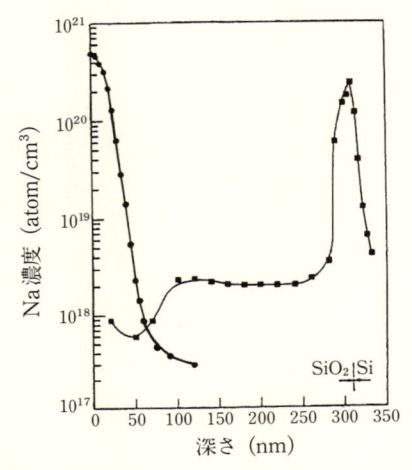

図 D-11 Na をイオン注入した SiO_2 中の Na の分布を照射イオンの種類を変えて SIMS で測定した結果. ● : $^{16}O^-$ 一次イオン, ■ : $^{16}O^+$ 一次イオン (日本表面科学会編：二次イオン質量分析法, 丸善, p. 40 (1999)).

付録 e
演習問題解答

第1問

鉄はこの温度では立方晶なので，図2-10を参照すると，図D-1から得られる回折図は吸着構造がc(2×2)構造であることを示している．図2-10からわかるように，c(2×2)構造はFe原子2個に対してイオウ原子1個が吸着した構造である．また，表面に出現したイオウの規則構造は，長時間加熱しても構造が変化しないことから，あたかもFe_2Sという二次元化合物が表面に生成していると考えてよい．したがって表面のイオウの原子濃度は33%となる（実際，オージェ電子分光法により，イオウ濃度を求めると，ほぼこの値と同一となる）．

第2問

表面に到達したGa原子はAsと結合して平坦な表面上に微小なGaAsの「島」を形成する．成長とともに，表面の凹凸が激しくなり，表面で反射，回折される電子線の強度は散乱を受けて減少する．しかし，一方，発生した「島」により，Ga原子が集合できるキンクやステップが増加し，それに伴い「島」が成長し，平坦化が進み，RHEED反射電子線強度は増加する．しかし，実際には層成長が完了する前に「島」の上に新たな「島」が形成されることにより，表面の平坦性が徐々に劣化していく．成長が進むと，成長表面上での「島」の成長と，平坦化機構が平衡に達し，最後にはRHEED振動は消失する．

第3問

反射電子の放出角度分布は二次電子よりも入射角に大きく依存しており，強い形状コントラストを示すためである．また，おのおのの結晶粒間でコントラストが異なっているのは，結晶の面方向によって放出電子の分布が異なり，一定位置に固定してある検知器に入る電子の数が変化することによる．

第4問

　X線強度は加速電圧の増加とともに増すが，同時に分析領域も大きくなり，EPMA本来の特徴である微小領域の分析から外れ，空間分解能は電子プローブ径の大小に依存しなくなる．図E-1はAlに加速電圧を変えて電子線を入射した場合に，電子線の拡散領域が加速電圧に依存する様子をモンテカルロシミュレーションで示したものである．電子線は試料表面から0.2 μmから数μmの深さまで侵入拡散するが，高速加速電圧では電子線の侵入距離が大きくなり，それに対応してX線の発生領域も広がるため，高加速電圧で撮影した試料ほど空間分解能が劣化する．

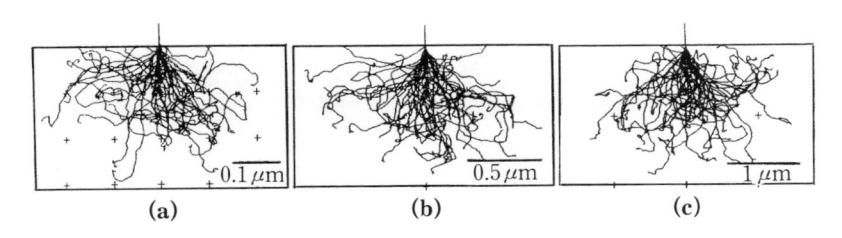

図 E-1　入射電子の拡散領域の加速電圧依存性．（a）5 kV，（b）10 kV，（c）15 kV．試料：純Al（日本表面科学会編：電子プローブ・マイクロアナライザー，丸善，p. 57 (1998)）．

第5問

　オージェ電子を発生させるためには，電子線の励起により内殻にホールを形成

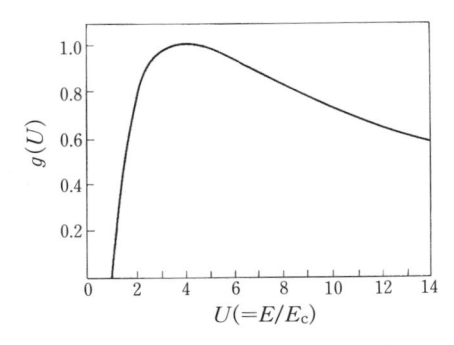

図 E-2　内殻電子励起確率（イオン化確率）の入射電子エネルギー依存性．U（$=E/E_c$：Eは入射エネルギー，E_cは内殻電子の結合エネルギー）はovervoltage ratioである（吉原一紘，吉武道子：表面分析入門，裳華房，p. 21 (1997)）．

（イオン化）させなくてはならない．このイオン化確率は，図 E-2 に示すように，内殻に存在する電子の束縛エネルギー，E_c と，一次電子のエネルギー，E の比（overvoltage ratio：$U=E/E_c$）に依存する．図からわかるように，overvoltage ratio には最適値（およそ 3）があり，一次電子のエネルギーをそれ以下にすると，急激にイオン化確率が小さくなる．1500～1650 eV 近辺のピークは，その 3 倍のエネルギー，すなわち 5～6 keV 間の加速電圧の一次電子により最も効率よく励起されるため，加速電圧 5 keV の時には，Si KLL ピークははっきり観測されるが，一次電子の加速電圧を 3 kV とすると，イオン化確率が小さいため，発生するオージェ電子が少なくなり，ピークが小さくなる．

第 6 問

MoS_2 は層状化合物で固体潤滑剤として知られている．摩擦面に MoS_2 が濃縮していることからこの物質を摩擦すると固体潤滑剤が摩擦面に濃縮し，摩擦を軽減すると考えられる．下地の Cu から放出される Cu のオージェ電子の強度 I_0 が，膜厚 d の潤滑膜により吸収されて I_f になるとすると，その関係式は，(3.31)式から

$$d = E_D \cdot \ln(I_0/I_f)$$

ここで，E_D は Cu オージェ電子の脱出深さである．MoS_2 の厚さ（d）を上式から見積もると，

$$d = E_D \cdot \ln(I_0/I_f) = 1 \times \ln(3.4) = 1.2 \text{nm}$$

となり，およそ 2 原子層の MoS_2 が摩擦面に存在していることがわかる．

第 7 問

金属状態では，Fe 原子はすべての価電子を共有している．一方，酸化物では，完全なイオン結合性を仮定すると，Fe の価電子は酸素イオンに局在して Fe の周囲には存在しないと見なせる．鉄酸化物の内殻電子（2p）は，周囲の価電子がなくなった分，原子核の正電荷を強く感じ，より強く原子核に束縛される．したがって，酸化物の Fe の内殻準位は金属状態のものよりも高い束縛エネルギーを有することになる．同様の理由により，価数が高くなると高い束縛エネルギーを有している．

第 8 問

XPS は通常，超高真空で実施される．このような超高真空では残留気体はほとんどが水素である．XPS は熱遮蔽が完全でないと，測定中に試料が加熱されることがある．スペクトルから Cu^{2+} のピーク，および Cu^{2+} に顕著なサテライトピークが減少している．これから，還元反応が生じていることがわかり，その原因は XPS の実

験中に酸化銅が水素中で加熱されたためであると推定できる．

第9問

価電子帯のスペクトルから典型的に示されることは，価電子帯の重なり具合である．価電子帯にギャップがあると伝導性がない．VO_2 は室温ではルチル型の単斜晶であり，そのときには図 D-9 のスペクトルからバンドギャップが明瞭に観察され，伝導性を示さないと予測される．一方，65℃では VO_2 はルチル型の正方晶に転移する．高温相のスペクトルからはバンドギャップが見られず，伝導性が生じることがわかる．

第10問

(4.9)式から，重い元素ほど高エネルギー側に出現することがわかる．したがって，右側から順に Au, Ag, Cu のピークがあり，台形の端は Si のエッジである．また，Au, Ag, Cu のピークには幅がないことから，これらの金属は Si の表面に薄く付着していると推定できる．

第11問

絶縁体表面にイオンを照射すると電荷が蓄積されて，SiO_2 中で Na^+ イオンが電界誘起拡散を示し，界面方向に拡散するためである．SiO_2 中の Na^+ イオンのような可動イオンは十分な電荷補償が行われない場合には拡散を抑制することができない．O^+ イオンで照射した場合には特に著しい．これは，イオンスパッタリングで放出される粒子の大半は電子であるため，O^+ イオンの場合には電荷補償ができないためである．一方，O^- イオンの場合には電荷蓄積を抑制する効果があり，Na^+ イオンの拡散は抑制されている．図から見るように，O^- イオン照射の場合でもまだ若干の内部方向への拡散が見られる．完全に拡散を抑制するには電子を照射することが有効である．

索　引

AEM	……………………………………	35
AES	……………………………………	44
AFM	…………………………	155, 156, 159
CAT	……………………………………	61
CHA	……………………………………	59
CMA	……………………………………	59
CRR	……………………………………	61
EDS	……………………………………	40
EDX	……………………………………	40
EELS	…………………………………	36, 97
EPMA	…………………………………	36
ESCA	…………………………………	81
FAT	……………………………………	61
FWHM	…………………………………	72
HEIS	…………………………………	118
HRTEM	………………………………	29
ICISS	…………………………………	128
IMFP	…………………………………	51
ISS	……………………………………	114
j–j 結合	…………………………	168

LEED	…………………………………	14
LEIS	…………………………………	116, 123
L–S 結合	…………………………	169
MEIS	…………………………………	117
RBS	……………………………………	118
RHEED	………………………………	20
RHEED 強度振動	……………………	22
SAM	……………………………………	56
SEM	……………………………………	23, 24, 29
SIMS	…………………………………	130, 140, 142
SNMS	…………………………………	144
STM	……………………………………	145
TEM	……………………………………	29
TOF-SIMS	……………………………	142
TXRF	…………………………………	106
WDS	……………………………………	40
WDX	……………………………………	40
XPS	……………………………………	81
XRD	……………………………………	108
ZAF 法	………………………………	43

索　引
(五十音順)

あ
アルゴンイオンスパッタリング法………70
暗視野像………………………………………31

い
イオン化断面積……………………………67
イオン源…………………………………112,113
イオン散乱分光法……………114-118,123
一次の収束条件……………………………59
位置分解能…………………………………71
色収差………………………………………14
インプットレンズ………………………61,84

う
ウェーネルト電極…………………………11

え
液体金属イオン源…………………………113
X線回折法…………………………………108
X線管球……………………………………78
X線検出器…………………………………41
X線的表記法………………………………169
X線光電子分光法…………………………81
X線励起オージェ電子……………………89
エネルギー損失関数………………………97
エネルギー分解能…………………………57
エネルギー分散型X線分光器……………40
エネルギー分析器…………………………56
エバネッセント波…………………………106
エバルト球…………………………………16

お
応答関数……………………………………93
オージェ遷移………………………………45
オージェ電子…………………………45,64,89
　　──ピーク……………………………64,89
　　──分光法……………………………44

か
オージェピーク位置………………………47

回折像…………………………………30,32
ガウス関数……………………………72,178
ガウス-ザイデル法………………………177
角運動量……………………………167,168
角度分解法…………………………………103
加成性………………………………………180
加速器………………………………………122
価電子準位…………………………………88
カンチレバー………………………………155

き
軌道角運動量………………………………168
逆格子点……………………………………33
　　──ロッド……………………………16
キャスティンの式…………………………39
吸収効果……………………………………43
吸収電流……………………………………27
吸着構造……………………………………18
球面収差……………………………………14
局所状態密度………………………………150
曲線適合法…………………………………177
近接場顕微鏡………………………………106

く
クロスオーバー……………………………13

け
蛍光X線……………………………………106
蛍光励起効果………………………………43
ケミカルシフト……………………………86
原子間力顕微鏡……………………………155
原子外緩和エネルギー……………………88
原子散乱因子………………………………190
原子内緩和エネルギー……………………88

原子番号効果‥‥‥‥‥‥‥‥‥‥‥43
減衰長さ‥‥‥‥‥‥‥‥‥‥‥‥51
減速比‥‥‥‥‥‥‥‥‥‥‥‥‥61

こ
高エネルギーイオン散乱分光法‥‥‥‥118
格子間隔‥‥‥‥‥‥‥‥‥‥‥‥109
格子像‥‥‥‥‥‥‥‥‥‥‥‥‥34
格子面‥‥‥‥‥‥‥‥‥‥‥‥‥109
合成波‥‥‥‥‥‥‥‥‥‥‥‥‥188
合成的分離法‥‥‥‥‥‥‥‥‥‥177
構造因子‥‥‥‥‥‥‥‥‥‥‥‥191
光電子‥‥‥‥‥‥‥‥‥‥‥‥‥81
高分解能 SEM‥‥‥‥‥‥‥‥‥‥29
高分解能電子顕微鏡‥‥‥‥‥‥‥‥29
後方散乱因子‥‥‥‥‥‥‥‥‥‥120
コンボリューション‥‥‥‥‥‥‥‥173

さ
サテライトピーク‥‥‥‥‥‥‥78, 91
差動排気式イオン銃‥‥‥‥‥‥‥‥70
サビツキー-ゴーレイ法‥‥‥‥‥‥181
散乱ベクトル‥‥‥‥‥‥‥‥‥‥192

し
シェークアップ‥‥‥‥‥‥‥‥‥‥91
シェークオフ‥‥‥‥‥‥‥‥‥‥‥92
磁界式電子レンズ‥‥‥‥‥‥‥‥‥11
磁気モーメント‥‥‥‥‥‥‥‥‥168
仕事関数‥‥‥‥‥‥‥‥‥‥‥‥7
四重極型‥‥‥‥‥‥‥‥‥‥‥‥135
シッカフスの方法‥‥‥‥‥‥‥‥‥66
質量分解能‥‥‥‥‥‥‥‥‥‥‥135
シャーリー法‥‥‥‥‥‥‥‥‥‥94
シャドーイング効果‥‥‥‥‥‥‥‥126
シャドーエッジ‥‥‥‥‥‥‥‥‥21
シャドーコーン‥‥‥‥‥‥‥‥‥118
　　──半径‥‥‥‥‥‥‥‥‥‥125
主量子数‥‥‥‥‥‥‥‥‥‥‥‥167
状態密度‥‥‥‥‥‥‥‥‥‥‥‥89
衝突径‥‥‥‥‥‥‥‥‥‥‥‥‥119

衝突断面積‥‥‥‥‥‥‥‥‥‥‥54
衝突パラメータ‥‥‥‥‥‥‥‥‥124
ショットキー効果‥‥‥‥‥‥‥‥‥8

す
水平力モード‥‥‥‥‥‥‥‥‥‥164
スタティック SIMS‥‥‥‥‥‥‥‥142
スパッタリング‥‥‥‥‥‥‥‥‥130
　　──速度‥‥‥‥‥‥‥‥‥‥72
　　──率‥‥‥‥‥‥‥‥‥‥‥133
スピン角運動量‥‥‥‥‥‥‥‥‥168
スピン量子数‥‥‥‥‥‥‥‥‥‥168

せ
静電発電器‥‥‥‥‥‥‥‥‥‥‥122
制動輻射‥‥‥‥‥‥‥‥‥‥‥‥76
セクター型‥‥‥‥‥‥‥‥‥‥‥134
接触モード AFM‥‥‥‥‥‥‥‥‥156
遷移‥‥‥‥‥‥‥‥‥‥‥‥‥‥76
　　──確率‥‥‥‥‥‥‥‥‥‥47
全反射蛍光 X 線分析法‥‥‥‥‥‥106

そ
走査オージェ電子顕微鏡‥‥‥‥‥‥56
走査電子顕微鏡‥‥‥‥‥‥‥‥‥23
走査トンネル顕微鏡‥‥‥‥‥‥‥145
相対感度係数‥‥‥‥‥‥‥‥69, 102
装置関数‥‥‥‥‥‥‥‥‥‥‥‥173
阻止能‥‥‥‥‥‥‥‥‥‥‥‥‥119
損失スペクトル‥‥‥‥‥‥‥‥‥97
損失ピーク‥‥‥‥‥‥‥‥‥‥‥64

た
ターゲットファクターアナリシス‥‥181
ダイナミック SIMS‥‥‥‥‥‥‥‥140
多重項分裂‥‥‥‥‥‥‥‥‥‥‥90
畳み込み積分‥‥‥‥‥‥‥‥71, 173
脱出深さ‥‥‥‥‥‥‥‥‥‥51, 103
単位胞‥‥‥‥‥‥‥‥‥‥‥‥‥18
単収束磁場型‥‥‥‥‥‥‥‥‥‥134
単純調和振動‥‥‥‥‥‥‥‥‥‥185

索引

単色化 …………………………………… 80
弾性散乱 ………………………………… 48
　　──波 ……………………………… 29
　　──ピーク ………………………… 63

ち
チャネルトロン ……………………… 56,62
チャネルプレート ……………………… 62
中エネルギーイオン散乱分光法 …… 117
中間結合 ……………………………… 169

つ
ツガード法 ……………………………… 97

て
低エネルギーイオン散乱分光法 … 116,123
ディコンボリューション …………… 173
低速電子線回折法 ……………………… 14
デプスプロファイル ………………… 140
電界式電子レンズ ……………………… 11
電界放出 ………………………………… 9
電界放出電子 …………………………… 9
電子雲 ………………………………… 167
電子エネルギー損失分光法 …………… 36
電子銃 …………………………………… 11
電子線プローブマイクロアナリシス … 36
電子増倍管 …………………………… 56,62
電子のエネルギー損失スペクトル …… 49
電子分布関数 ………………………… 190

と
透過像 …………………………………… 30
透過電子顕微鏡 ………………………… 29
透過波 …………………………………… 29
同心円筒鏡型 …………………………… 59
同心半球型 ……………………………… 59
特性 X 線 …………………………… 37,76
ド・ブロイの式 ………………………… 14
トンネル効果 ………………………… 149
トンネル電流 ……………………… 146,149

な
内殻準位 ………………………………… 85
内部量子数 …………………………… 168

に
二次イオン …………………………… 130
　　──化率 ………………………… 132
　　──質量分析法 ………………… 130
二次元結晶 ……………………………… 16
二次電子 ………………………………… 24
　　──効率 ………………………… 25
二重収束磁場型 ……………………… 135

ね
熱電界放出電子 ………………………… 8
熱電子 …………………………………… 7

の
ノックオン効果 ……………………… 130

は
バーホップの式 ………………………… 47
背面散乱係数 …………………………… 67
薄膜 X 線回折 ………………………… 110
パスエネルギー ………………………… 61
波長分散型 X 線分光器 ……………… 40
バックグラウンド ……………… 50,64,93
波動方程式 …………………………… 146
パルスカウント法 ……………………… 62
反射高速電子線回折法 ………………… 20
反射電子 ………………………………… 24
　　──発生率 ……………………… 25
半値幅 …………………………………… 72

ひ
ピーク分離 …………………………… 177
ピエゾアクチュエータ ……………… 153
光イオン化断面積 ……………… 82,100
光検出器 ……………………………… 156
飛行時間型 …………………………… 136
非接触モード AFM …………………… 159

索引

非弾性散乱·················48
非弾性平均自由行程·········51
非点収差···················14
微分······················183
表面プラズモン励起·········50

ふ
ファウラー-ノルドハイムの式·········10
ファクターアナリシス ·············180
フーリエ級数 ·····················194
フーリエ変換······················34
フェルミエネルギー ················7
フェルミ準位······················7
フェルミ-ディラックの分布則·········6
フォースカーブ···················157
不感時間·························63
不対電子·························86
プラズマ型イオン源 ···············113
プラズモン損失ピーク ··············63
プラズモン励起················49, 50
ブラッグの条件···················29
ブロッキング効果·················126
ブロッキングコーン···············126
分解能関数·······················71
分光学的表記法··················169
分光結晶························41
分析電子顕微鏡··················35
分裂幅··························86

へ
平滑化·························181

ほ
ホイクト関数···················178
方位量子数·····················167
ポストイオン化·················144

ポテンシャル井戸···············146

ま
マーデリング定数················87
マクスウェル-ボルツマンの分布則···6
摩擦力························163
マトリックス効果···············144
マトリックス補正係数········69, 101

み
ミラー指数····················109

め
明視野像······················30

も
モーズレーの法則··············37

や
ヤコビ法······················176

ら
ラウエゾーン··················20
ラザフォード後方散乱分光法···118

り
リチャードソン-ダッシュマンの式···7

れ
冷陰極型電界放出電子·········9
連続X線····················76

ろ
ローランド円·················41
ローレンツ関数···············178
ロスバンド···················92

材料学シリーズ　監修者

堂山昌男	小川恵一	北田正弘
東京大学名誉教授	横浜市立大学学長	東京芸術大学教授
帝京科学大学名誉教授	Ph. D.	工学博士
Ph. D., 工学博士		

著者略歴
吉原一紘（よしはら　かずひろ）
1966 年　東京大学工学部卒
1971 年　東京大学大学院工学系研究科博士課程修了，工学博士
1971 年　東京大学工学部助手
1973 年　科学技術庁金属材料技術研究所研究員
1999 年　同研究所極限場研究センター長
2001 年　独立行政法人 物質・材料研究機構ナノマテリアル研究所長
2002 年　同機構材料研究所長

検印省略

材料学シリーズ

入門 表面分析
固体表面を理解するための

2003 年 3 月 15 日　第 1 版発行

著　者　Ⓒ　吉　原　一　紘
発行者　　　内　田　　　悟
印刷者　　　山　岡　景　仁

発行所　株式会社　内田老鶴圃　〒112-0012 東京都文京区大塚 3 丁目 34 番 3 号
電話（03）3945-6781（代）・FAX（03）3945-6782
印刷・製本/三美印刷 K. K.

Published by UCHIDA ROKAKUHO PUBLISHING CO., LTD.
3-34-3 Otsuka, Bunkyo-ku, Tokyo, Japan

U. R. No. 525-1

ISBN 4-7536-5618-7 C3042

材料学シリーズ　堂山昌男・小川恵一・北田正弘　監修　各 A5 判

入門 表面分析　固体表面を理解するための

吉原一紘 著　224 頁・本体 3600 円

広範囲にわたる表面分析を最近の成果も取り入れ，バランス良く，かつ系統的に解説する．電子と固体の相互作用を利用した表面分析法／X線と固体の相互作用を利用した表面分析法／イオンと固体の相互作用を利用した表面分析法／探針の変位を利用した表面分析法

既刊書

- 結晶電子顕微鏡学　坂 公恭著　248p.・3600 円
- X 線構造解析　早稲田嘉夫・松原英一郎著　308p.・3800 円
- 金属電子論　水谷宇一郎著　上・276p.・3000 円　下・272p.・3200 円
- 鉄鋼材料の科学　谷野 満・鈴木 茂著　304p.・3800 円
- 入門 結晶化学　庄野安彦・床次正安著　224p.・3600 円
- 結晶・準結晶・アモルファス　竹内 伸・枝川圭一著　192p.・3200 円
- 人工格子入門　新庄輝也著　160p.・2800 円
- 再結晶と材料組織　古林英一著　212p.・3500 円
- 金属の相変態　榎本正人著　304p.・3800 円
- 金属物性学の基礎　沖 憲典・江口鐵男著　144p.・2300 円
- 入門 材料電磁プロセッシング　浅井滋生著　136p.・3000 円
- 高温超伝導の材料科学　村上雅人著　264p.・3600 円
- バンド理論　小口多美夫著　144p.・2800 円
- 水素と金属　深井 有・田中一英・内田裕久著　272p.・3800 円
- セラミックスの物理　上垣外修己・神谷信雄著　256p.・3500 円
- オプトエレクトロニクス　水野博之著　264p.・3500 円

X 線回折分析

加藤誠軌 著
A5 判・356 頁・本体 3000 円

イオンビームによる物質分析・物質改質

藤本文範・小牧研一郎 共編
A5 判・360 頁・本体 6800 円

イオンビーム工学　イオン・固体相互作用編

藤本文範・小牧研一郎 共編
A5 判・376 頁・本体 6500 円

薄膜物性入門

エッケルトバ 著　井上泰宣・鎌田喜一郎・濱崎勝義 共訳
A5 判・400 頁・本体 6000 円

材料表面機能化工学

岩本信也 著
A5 判・600 頁・本体 12000 円